我爱中餐

俄罗斯记者眼里的中华美食与文化

俄罗斯塔斯社北京分社社长
安德烈·基里洛夫 ◎著

俄罗斯联邦荣誉文化工作者、荣誉记者
俄罗斯友谊勋章获得者

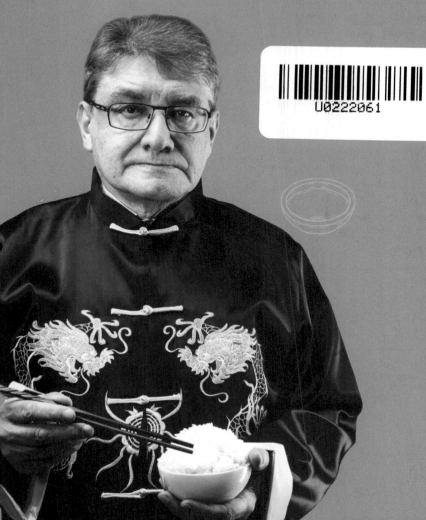

新世界出版社
NEW WORLD PRESS

图书在版编目（CIP）数据

我爱中餐 /（俄罗斯）安德烈·基里洛夫著；李梦雅，郝晶晶，刘智莎译 . -- 北京：新世界出版社，2023.1

ISBN 978-7-5104-7651-8

Ⅰ.①我… Ⅱ.①安… ②李… ③郝… ④刘… Ⅲ. ①饮食－文化－中国－儿童读物 Ⅳ.① TS971.202-49

中国版本图书馆 CIP 数据核字 (2022) 第 249761 号

我爱中餐——俄罗斯记者眼里的中华美食与文化

作　　者：[俄罗斯]安德烈·基里洛夫
翻　　译：李梦雅 郝晶晶 刘智莎
策划编辑：崔舒琪
责任编辑：崔舒琪
装帧设计：贺玉婷
责任校对：宣　慧 张杰楠
责任印制：王宝根
出　　版：新世界出版社
网　　址：http://www.nwp.com.cn
社　　址：北京西城区百万庄大街 24 号（100037）
发 行 部：(010)6899 5968（电话）　(010)6899 0635（电话）
总 编 室：(010)6899 5424（电话）　(010)6832 6679（传真）
版 权 部：+8610 6899 6306（电话）nwpcd@sina.com（电邮）
印　　刷：北京虎彩文化传播有限公司
经　　销：新华书店
开　　本：787mm×1092mm　1/16　尺寸：170mm×240mm
字　　数：200 千字　　　　印张：18.25
版　　次：2023 年 1 月第 1 版　2023 年 1 月第 1 次印刷
书　　号：ISBN 978-7-5104-7651-8
定　　价：168.00 元

谨以此书献给玛妮娅，
一个热爱美食的小姑娘

目录

序言　中华饮食的奥秘／i

代序／iii

一位外国记者的食谱／01

万物之源／05

　　食为民天／06

　　能吃得跟中国人一样吗？／09

　　转换难题／13

　　主食与配菜／15

　　开始之前……／17

　　烹饪方法／20

　　❀ 西红柿炒鸡蛋／24

　　❀ 扬州炒饭——来自扬州市的蛋炒饭／30

　　❀ 拍黄瓜／34

　　五味／38

米、面、粥／43

　　米是万物之首／44

　　面之道／47

　　❀ 北京炸酱面／52

　　❀ 担担面——四川辣面／58

　　粥／62

　　皮蛋（"百年老蛋"）／64

　　火锅和瓦罐／65

　　中国航天员喜爱的食物／68

　　❀ 麻婆豆腐／72

还有……／79

　　从萝卜到香蕉／80

　　❀ 烧茄子／82

　　瓜／86

　　储备菜／88

　　❀ 地三鲜／90

　　其他的芽和根／94

　　三宝／99

　　❀ 葱爆牛肉／102

海产品和水产品／105

　　海蜇和海参／106

也可以吃／109

　　也算食物哦／110

　　点心之物／112

茶文化／115

　　坐着喝杯茶／116

　　俄罗斯茶／120

　　喝什么茶呢？／122

节日／129

　　节日宴／130

　　饺子品种很多，不止一百个／132

　　聊聊包子／134

　　❀ 韭菜鸡蛋包子／136

　　鱼寓意"年年有余"／140

　　❀ 松鼠桂鱼／142

　　食物，一种与祖先交流的方式／148

　　酒家究竟何处有？／151

　　和"天朝"一样古老／158

"喂龙" / 160

中秋节 / 163

寿桃与佛手 / 168

在远离北京的地方 / 170

苏东坡与红烧肉 / 177

❀ 红烧肉 / 178

宫廷菜与谭家菜 / 180

❀ 窝头 / 188

❀ 燕窝汤 / 190

哈尔滨大列巴 / 194

十三种动物／199

庞大的小兄弟 / 200

老虎 / 202

家兔野兔都是兔 / 205

令人又爱又惧的神龙 / 208

云端的龙 / 210

小龙 / 212

马 / 213

菜地里的三只羊 / 215

孙悟空的侄子 / 218

中美鸡肉大比拼 / 220

❀ 宫保鸡丁 / 222

穷人菜端上富人餐桌 / 228

❀ 怪味鸡 / 230

狗狗的生活 / 232

家畜之王 / 235

❀ 回锅肉 / 238

❀ 鱼香肉丝 / 242

鼠 / 248

把猫给丢了 / 252

救命汤／255

❀ 酸辣汤 / 258

健康饮食！／263

学中医，保健康！/ 264

五味平衡 / 266

苦入心，辛入肺 / 268

五行平衡 / 269

冷热平衡 / 270

湿热与气虚 / 272

属火、属水还是属金？/ 275

后记／277

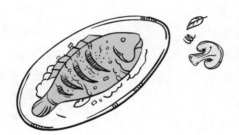

中华饮食的奥秘

　　中华饮食丰富且神秘，在世界各地都十分受欢迎。我想任何一个国家都有中餐馆，而通常在那里工作的都是中国的厨师。我指的至少是那些值得一去的地方，毕竟也有一些餐厅的菜只是看起来像中国菜而已。我到过世界上不少的地方，上面提到的那两类餐厅我都去过。我可以明确地告诉大家：中国大陆地区的中餐是最好、最正宗的！

　　因此俄罗斯记者"老将"安德烈·基里洛夫的书格外有趣，且内容丰富。他在中国生活了四分之一个世纪，给大家介绍的都是真正的、原汁原味的中国菜。他还讲了中餐与中国人生活的联系，以及中餐的地位。这本书是从外国人的视角来讲述中国故事，但他绝不只是一个普普通通的、来到中国的友好"老外"，而是一个在中国生活多年，已经从"老外"变成"老内"的人（如果可以这么形容的话）。

　　中国读者自己可能不会对中餐菜谱和做菜的秘诀感兴趣，因为我深知，所有的中国朋友都是深藏不露的大厨。对于中华美食的奥秘，中国人肯定比外国人了解得更多、更清楚，即使这位外国人是像我们作者这样非常了解中华文化的人物。但是中国读者可能会好奇：在熟知中国文化的外国人心目中，中华美食的核心是什么呢？我对此抱有期待，因为本书是用内外双重视角写的，而且就我看来，内部视角用得更多。

作为一名俄罗斯人，我居住在莫斯科，也常去我亲戚所在的圣彼得堡。我看到，在这两座大都市里开了不少中餐馆。这点让我感到非常高兴，但让我更欣慰的是，很多俄罗斯人来到中餐厅不只是为了吃一顿饭，而是来近距离接触中国，体验中国文化，触摸中国历史，感受今日中国。

我的同胞们对伟大的邻国——中国——和中国人民越来越感兴趣。基里洛夫的书可以帮助俄罗斯人更近距离地了解中国。而我希望，中国读者也会好奇，一个用筷子吃午饭的俄罗斯人，是如何理解和感知中国人日常生活和饮食的。

安德烈·杰尼索夫

原俄罗斯联邦驻华大使馆特命全权大使

（2013—2022 年）

俄罗斯联邦政府参议员

2021 年 1 月，北京

众所周知，想要抓住男人的心，先要抓住他的胃。

那怎样抓住女人的心呢？在经历过一些人生岁月后，我可以肯定——也先要抓住她的胃。确切地说，在一定情况下，只要抓住我们所有人的胃，就能抓住我们的心。"我们"特指充满了好奇心、常年四处流浪或永远在路上的人群——无论是因为我们热爱旅行，还是为生计奔波。

我自己是既热爱旅行，又要为生计奔波，所以我认为，要想了解新大陆和住在那里的人民，最容易、最愉快的方式就是通过我们人类的重要器官——胃——去认识。

让我们言归正传。我们俄罗斯最重要的信息社"塔斯社"的老牌"笔杆子"和"台柱子"，汉学家安德烈·基里洛夫出了一本非常有分量的书，介绍中国美食的奥秘（或称奥妙）。都说作者写这本书是妙笔生花，我看何止，简直是"妙筷生香"！

我与作者是20世纪90年代初在北京认识的。当时他已经去过中国好多次了，并在中国的大学留过学。在我们相识之际，作者已经到塔斯社驻北京记者站工作了，用我们的行话来说，这叫"长期派驻"。过了四分之一个世纪，"长期派驻"又变成了"永久派驻"。在过去的这些年里，作者一直坚守在信息工作者的岗位上。这期间，他从来没有放弃过自己的看家武器——"笔杆子"和"筷子"。

其实随着时代的发展，"笔杆子"已经成为过去，现在记者会改用录音笔、笔记本电脑或普通的智能手机。但筷子是永恒不变的，现在的筷子跟几千年前的筷子没什么两样，岁月并没有在它们身上留下什么痕迹。另外一个没有被岁月改变的东西，就是中国美食的奥妙。在漫长的岁月中，作者充分了解并体验了这种奥妙。

我还要说一下，这本书并不只是简单地描述美食，写写关于食物的故事和传说。远非如此。它其实展现了中国民间生活的一些特定背景——五花八门，包罗万象，且令人垂涎。如果想理解中国人生活里的这一部分，你必须全心投入，亲身体验，让自己沉浸其中，就像是从内部环顾四周。这一点，作者做到了。这本书包含许多关于中国人的传统神话、日常习惯和爱好，节日、民俗、历史和地理，象形文字和汉语的细节及其评论。即使对于像我这样在中国生活多年的"高级读者"来说，在书中也能找到许多新鲜和未知的东西，让我很想去记住，当然也想去品尝。

在本书开头一章的某个小节里，作者直接问了一个对他来说最重要的问题："中餐是否有灵魂？"作者的答案是肯定的："有！"他用整本书的内容向我们证实了这一点，非常让人信服。

亲爱的朋友们！把这本书从头读到尾，自己感受一下吧。当然也要准备好筷子。不会用筷子的朋友们，要抓紧练习一下。相信我，这并不难。等您读完这本书，肯定想将自己的练习成果付诸行动，用起筷子。祝你们成功！

又或者用中国人的话来说："请慢用！"或"慢慢吃！"

安德烈·杰尼索夫

原俄罗斯联邦驻华大使馆特命全权大使

（2013—2022 年）

俄罗斯联邦政府参议员

2022 年 7 月，北京

一位外国记者的
食谱

近百年来，中华文明不再闭塞，也开始与从前被称为"洋鬼子"，而如今被微带调侃地称作"老外"的人们共享现代科技、运动和服装。20 世纪 70 年代末开始的改革开放大大改变了"龙的传人"的饮食习惯，中国人渐渐爱上了意大利面和巨无霸，城市居民常喝咖啡、吃奶制品。到了天气炎热的时候，不管您所在的村庄有多么偏远，您都可以喝到冰镇啤酒，不像从前只能喝到热茶。

人们印象中的老北京正在逐渐消失。狭窄的胡同，四合院的灰色平房，院里一大家子人悠闲自在地生活，10 到 12 人同桌不紧不慢地用餐……这些都已成为过去。到处都是高楼大厦、写字楼、购物中心……乍一看，北京跟其他世界知名的首都、特大城市没什么两样，都有着国际化的生活方式和适合各种口味的美食。

经过几十年来的招商引资，西餐餐饮品牌在中国已非常流行。不过，现在中华民族伟大复兴进入了不可逆的历史进程。在有的地方，西式餐饮业巨头的手臂伸得太长，已经遭受到了抵制。

在紫禁城，也就是如今的故宫博物院，曾经在群众抗议之后，关闭了一家试图在这座中国古代文化艺术博物馆的心脏内撒网的咖啡馆。

在已经到来的数字化时代，从国际关系到家庭关系，一切都有可能处于动荡之中，但是中华美食的地位依然坚不可摧。有的地方还散落着古朴风俗的遗珠，人们还可以在某些地方品尝到简简单单却风味绝佳的平民小吃。除此之外，一些中华佳肴大胆地突破了美食的国界线，这些来自中国的奇异珍馐受到了许多外国人民的喜爱。

这本书不是典型的烹饪指南，当然了，它也不是什么百科全书，而是一位生活在北京的记者，在与中华美食打了四分之一个世纪的交道以后，得出来的经验感想。我媒体行业的同事们也参与了此书的创作，佐娅·鲁西诺娃贡献了健康食品和食谱，而书中美丽的图片则出自阿尔乔姆·伊万诺夫之手。

起初，我以为整理材料写这本书是很简单的事情，不就是讲讲鱼香肉丝和麻婆豆腐吗？就像牛顿的二项式定理一样，听起来难，可如果掌握公式，应该是小菜一碟。可在撰写过程中，这项任务变成了无穷无尽的谜题。我仿佛在研究一个中国古代的宝奁，总能发现一个又一个新抽屉，里面装满了有趣的小玩意儿，而且有时候还搞不清楚这些小玩意儿到底是什么。

尽管如此，有一些谜题还是顺利解开了。

在这个人口数量排世界第一的国度里，有着怎样的饮食文化呢？一起来窥探它的奥秘，了解它所有的创意，张大鼻孔贪婪地吸入诱人的香气，然后在亲朋好友面前小露一手吧！

想知道"麻婆"以什么闻名？肉为什么要"回锅"？

如何正确地"拍"黄瓜？

让我们在神农（传说中教会中国古人种植农作物的神）的祭坛前烧一炷香，启程走遍伟大的烹饪之国——"天朝"吧！要想触碰到中餐里蕴含的哲学，我们不仅需要花费很长的时间去研究，还要至少每周一次亲自下厨，尝试烹饪中华民族五千多年来创造出的各种菜肴。

万物之源

食为民天

　　"我们干吗老是聊吃的东西？不如来谈谈文学（还有音乐、绘画、雕塑、芭蕾、电影、时尚……）吧。"一般正在减肥的人会说出这样的话，他们不光自己不享受生活，还来破坏别人的好胃口。难道美食和宴席不是文化的一部分吗？我们遥远的祖先曾在洞穴的墙壁上画出明日的狩猎场景，跳起狩猎主题的仪式舞蹈，或者反复嘟囔着咒语："大鱼小鱼，快快上钩！"获取食物就是人类创造力的起源。

　　也是从那时起，就有一种观点认为，艺术家总是饕餮不饱。

　　在中国，文化和美食从来就不是对立的。当然，其他国家的人在吃吃喝喝方面也很有讲究。拿法国人来说，他们对奶酪和葡萄酒怀有敬畏之心；德国人最爱香肠配啤酒；俄罗斯人偏爱薄煎饼、让杯壁起雾的伏特加和用刀尖挖出的一点黑鱼子酱（当然了，要是挖上满满的一勺会更过瘾）。还有美国人，向世界各地借鉴了比萨饼、汉堡包、罗宋汤还有威士忌。

　　但"中原之国"独具特色。想象一下，临近午时，14亿人同时拿起筷子，空气中弥漫着大火爆炒的烟火气。

吃晚饭的
北京人

难怪直到现在，中国人打招呼的时候还会问："吃了吗？"
睿智的古代文学家、教育家颜之推对此评论道：食为民天。

　　从前食物总是匮乏，而中国人对待食物的童真且单
纯的态度，以食物崇拜的方式表现了出来。我们在其他
的古代农业民族中也能发现类似的情况：埃及有教给人
类耕种的丰饶与复活之神奥西里斯，玛雅人和阿茨蒂克
人将玉米之神尊崇为主神。

　　承载着中国古代文明、装饰纹样丰富多彩的青铜器
"鬲"，是用来煮粥的大锅。同一时间用餐意味着部落

万物之源

的团结，而酋长就是至高无上的厨师，明智地赋予每个人应得的口粮。同时，这还意味着老祖宗们也在无形之中参与了这顿饭。

欧洲人总会嫌弃某些民族用手抓一把香喷喷的食物送到客人嘴里，因为拿饭的手有时候并不总是一尘不染的。但这可是真正热情和亲切的表现啊！

对此，有位诗人生动地描绘道：

从我的手掌中取乐，

取一束阳光和一抹蜂蜜。

如珀耳塞福涅的蜜蜂向我们窃窃私语时所说……

希腊神话中的珀耳塞福涅不仅是冥后，还是谷物的守护神，因此也算是农业神灵之一。

讲究礼数的中国人不会用手给您抓饭，而是会用筷子避免与食物直接接触。然而，尽管在我们这个时代，每个人面前都有一个单独的盘子，但集体主义吃大锅饭的习惯还根深蒂固。为了表示特别的尊重，可能会有人用筷子给你夹菜。如果这让你感到困窘，你可以开玩笑地说："让我自己来。"

能吃得跟中国人一样吗？

做中国菜可不是一件容易的事情。首先，"中餐"本身就是一个很模糊的概念，就好比中文里也有各种各样的方言。说着普通话的北京人听不懂广东人的粤语，甚至在极少数情况下，中国人和中国人之间也只能靠汉字来沟通。

内蒙古的烤串儿王

中国的厨师很
有范儿

所以，加了大量辣椒、能把人辣到嘴疼的四川菜，
与带有古俄罗斯商人风范、用大列巴配起泡格瓦斯的哈
尔滨菜，可是有着天壤之别的。中餐仿佛吸收了中国全
部的历史，一方面保留了每个区域的特色，另一方面，
不同的传统与饮食习惯又水乳交融，求同存异。

当然了，中餐还是有一些共同的特点，使它与法餐
或者日餐有所区别。

美食专家们一般将中餐分为几大菜系：大名鼎鼎的

川菜是四川省的菜系；东三省有东北菜；华南地区有粤菜；还有蕴含儒家传统的鲁菜和华东地区的淮扬菜。另外，与川菜一样以辣出名的有湘菜，而华东地区有沪菜、徽菜、闽菜和台湾菜。云南省少数民族的滇菜是特色最为突出的地方菜系，那里的森林里有很多猴子，而餐桌上常出现菠萝。在中国，清真菜也很受推崇，还有许多美食家偏爱佛家斋菜。特别值得一提的是以精致美味而著称的宫廷御宴，一次可以尝到108道菜！另有著名的官府菜之一——谭家菜。

在中国的北方城市天津，有位著名的厨子叫高贵友，父母给他取了个小名叫"狗子"。高贵友创造了这种有18个褶儿的面点，皮薄馅大，非常好吃。来吃他包子的人越来越多，高贵友忙得顾不上跟顾客说话，这样一来，吃包子的人都戏称他"狗子卖包子，不理人"，后来就给他起了个绰号叫"狗不理"。天津人一天的生活就从吃狗不理包子开始。

而广东人的早饭是早茶点心：晶莹透剔的虾饺、糯米做的各类点心，还有小笼包——这是一种小小的"mantu"[1]。

写到这里我就在想，包子跟中亚地区的"mantu"是一个东西吗？还是说，我在用俄语表达的时候应该把它描述成"上锅蒸的皮儿薄馅儿大的面点"？还是应该直

1　编者注：这是中亚地区的一种类似包子的食物，一般被称作"mantu"或"manty"，听起来和"馒头"有些类似。

接翻译成"小笼包"？又或许，应当采用莫斯科餐厅菜　　制作小笼包

单上的名称，直接管它叫"包"？

　　中国菜名并不好翻译，一不小心就会出错。那么如果不纠结于名称，是否可以准确地解读中国菜的菜谱呢？我想说的是，有没有办法用附近超市的菜做出正宗中国菜？

　　比如美国人（还有"美国通"们）尝过正宗的中国菜后，通常会认为还是美国唐人街的川香排骨和宫保鸡丁最好吃。他们并不知道一个秘密——其实口味的变化是因为替换了调料。在美国的华人做糖醋排骨时，会大胆地放当地人们习惯吃的番茄酱。这是个双赢的决定，大家都满意。

　　西方传说番茄酱也来自中国，但中国人好像并不支持这一说法。他们认为有可能番茄酱（ketchup）的名称来自于马来语中的"酱汁（kicap）"一词，如果非要说跟中国有联系，有可能这个马来语单词是借鉴了粤语中的名称。中国专家还是一致认为中国古代是没有西红柿的。

　　因此在这次美食之旅中，我们尽量还是去遵循最正宗的菜谱。当然我们也可以改良菜的做法，比如拿上个月剩下的雷司令白葡萄酒来替代黄酒（黄酒和家酿啤酒有些相像）。又或者用冰箱里快风干的格鲁吉亚香辣酱来代替豆瓣酱。但问题是这样下去，我们最终做出的会不会不是中餐，而是某种奇幻的创意菜？

有一次笔者为了做个小实验，就在一位很著名的茶艺大师面前，往刚刚泡好的、中规中矩的龙井中撒糖。大师前一秒目瞪口呆，后一秒只是轻声问道："您喜欢这么喝吗？"听到我肯定的答复，大师以微笑表示理解，说道："要是喜欢，也可以这么喝。"

这也是中国茶艺跟日本茶道最大的区别：日本武士们如稍有偏离规则之嫌疑，就不能再参加仪式了。这位茶艺大师跟我说，中国茶艺中最重要的是能让喝茶的人好好谈话，而香味绝佳的茶饮的作用是要打开饮茶者的感知，使一起饮茶的人不仅交流通畅，还可以感受到心灵上的相通，灵魂的牵绊。

这种感觉和境界一般只有一起在荒郊野外废弃的工地上，共饮高度数的酒才能达到。如果希望仅靠饮茶就达到这种境界，可一定要喝年轻女孩们在 4 月 5 日至 4 月 20 日之间采的新茶。最好包装上还贴着"雨前"的标签，代表这盒茶叶是"谷雨节（4 月 20 日或 21 日）前的茶"。到了清明节（4 月 4 日到 6 日之间的一天）经常会下小雨，刚刚发芽的嫩茶叶这时就会吸收雨水，滋味鲜浓。总之，讲究还不少。

但好处是，喝茶的人第二天不必承受宿醉的痛苦。

主食与配菜

中餐各大菜系的分类特点，很大程度上取决于烹饪的原料（在沿海地区有很多鱼和海鲜，而在经济没这么发达的内陆地区，人们很喜欢吃腌菜），以及惯用的烹饪方法。北方人钟情于火锅和那种既不能算作汤，也不能算作炒菜的"炖菜"，这种菜肴通常是在瓦罐、砂锅

热汤是中国传统菜之一。其实跟其他民族一样！

里做出来的。

想要理解中餐，首先要记住中国人餐饮的主要部分依然是主食，即包括米饭、面条、馒头以及各类饺子、包子等带馅儿的面食。其余的菜，如肉、鱼、蔬菜都算副食（或叫"辅食"），是搭配主食吃的。

汤应该是扮演着餐饮中的辅助角色：一般到用餐接近尾声才喝汤，可以促进消化。而在开宴时汤羹起着"串场"的作用，上菜的时候可以喝汤。

请允许我以"专业人士"的身份给大家几点建议，毕竟我也投入了大量的时间去钻研热爱的事业。在参加中国宴席之前要先学会用筷子，最好是用三根手指操作。可以用这种方法来训练：把火柴撒在家里的桌子上，然后一根根夹回火柴盒里。要是把火柴撒在地上再去捡，说不定还能有减肥的作用。当然也可以用叉子吃鱼香肉丝，但是这种场景真的太不堪入目了！只要用筷子，不管是银的、骨制的、钢制的还是塑料的，吃饭这件小事会变得特别有格调。古代达官贵人也都用银筷子：要是饭菜有毒，银筷子会发黑，还可以及时地自救。饭店里给上的很有可能是一次性的木筷子，但其实也可以自己备一双哪怕是最简单的竹筷，用美观的布袋子来收纳，随身带着。

做饭还需要炒菜锅。虽然"炒菜锅"经常被认为是跟平底锅差不多的东西，但其实炒菜锅是一种带盖儿的圆底锅。可以用来炒菜，也可以煮菜（详见"烹饪方法"一节）。

很明显，这种厨具适用于煤气灶。电炉上就只能用普通的平底锅和煮锅，厨师可就没法秀自己高超的技能了。不过劝您还是好好想想，确定要学像"颠勺"这类高级的厨艺技能吗？当油雾与火焰接触，锅内着火的效果确实很震撼，但是……还是把这种高难度的杂技技巧留给专业人士吧，这种危险动作也是他们工作的一部分。

还有，劝您坦然接受墙上、厨具上甚至是天花板上的油印子。当你"吸溜吸溜"吃面的时候，就会理解为什么中国人如此讲究礼数，可是去餐厅时穿着却如此随便，也非常不喜欢打领带。

如果您下定决心要做中国菜了，要先买一把菜刀。刚开始用菜刀并不顺手，还是需要一些技巧的，但是习惯后你会"无刀不欢"！

当然也有制作起来比较"安全"的中国菜，用现代化的厨房小家电就能完成。比如电饭煲，加点辅助工具就能变成蒸锅。做菜还可以用竹蒸笼，毕竟传说专业的厨师用竹子厨具，饭菜更香。可以自己去细细地感受！不过这些细微的区别还是留给特别追求原汁原味的鉴赏家去感受吧。我也在此向这些人特别推荐长长的竹筷，比普通的筷子更长更粗。

炒菜还需要铲子，可以翻菜或者搅拌，是中式厨房里必不可少的厨具。还有漏勺，最好也是竹子的，不过金属的也凑合能用。还需要大大的木汤勺——菜做好了，取样品尝。

自己家里可以备一套中式餐具。就算您的烹饪手艺还不是很完美，但只要用"明代瓷器"上菜（这里我可说的不是白俄罗斯的明斯克器皿厂生产的"明式瓷器"，而是指仿古的白蓝色的明代青花瓷器），你在亲朋好友中作为厨师的威望会直线飙升。而且这种盘子上的图案很有意思，可以边吃边观察细节：蓝色的中国人打着伞在散步，越过蓝色的弧形桥，走向多层的蓝色凉亭……当然也有其他风景。

中国餐具的特点之一是吃饭时用碗，而不是深盘子。喝汤和吃甜点还会用形状很特别的勺（不过甜点不是必备项）。

再备几个装酱油和醋的调料碗。

还可以买点筷子托来装饰餐桌，总不能把筷子直接放桌布上吧！也可以自己动手做个独一无二的筷子托：用小木棍、线轴来制作，或者假如有将军来您家用餐，可以考虑用小锡兵玩具垫筷子，哈哈！

对了，如果你家里有个磕碰过的中式盘子，别急着扔掉买新的，先找专业人士来鉴定一下吧。英国的一位老奶奶家中有个古老的花瓶，家里人在花瓶底上钻了孔，安上电灯泡，把花瓶当台灯用，结果拿给专家一鉴定……发现这可是明朝时期（公元1368年至公元1644年）非常珍贵的釉里红瓷器。拍卖师对该产品的估价为一千万英镑。

烹饪方法

　　有的中国人说，烹饪需要三个元素：水、火、木。这个说法总体是对的。但在实践过程中，烹饪方法可是丰富多样的。

　　"煮"是用水来煮。可以"煮饭"，而煮好的米饭就是主食，可搭配各种菜肴。要牢记中餐做米饭可以煮，但是不能煮得太烂。做好的米饭粒应稍有些黏度，可以用筷子夹起。隔夜的米饭是可以吃的，在这一点上，它与许多中国菜都有区别。可以把隔夜米饭煮成粥，过一下热水就可以了。面条和饺子也可以煮。蔬菜也可以煮着吃，但是有要领：需要及时出锅，把水倒掉。这样的做法叫"焯"，焯出的蔬菜美味可口，保持漂亮色泽和丰富营养。

　　"煎"可以用油，也可以用水。俄语中没有完全对应的词，比如"煎鱼"就用油，而"煎药"和"煎茶法"则是用水。

　　"炸"就是将食物（比如面食、鱼）放在滚沸的油锅中熬熟。

　　"翻炒"是用大火炒菜，过程中不停地翻滚食物。有一些简单的组合菜，如西红柿炒鸡蛋或蛋炒饭，就是以翻炒的方式烹饪的。为了使蛋炒饭——这个比较简单的菜品——显得高贵一些，中国人还给它取名叫"金玉满堂"。

虽然我们认为炒饭做起来很简单，但其中可是有很多奥秘的。在中国，"炒饭"可是考验厨师基本功的菜式，主要秘诀在于其中融合了哪些蔬菜。

炒饭中的"明星"是扬州炒饭。就是按照扬州的做法来做炒饭：除了一斤米饭和四个鸡蛋，最多可以加14种配菜！

"烧烤"是用明火，可以做各种烤肉和烤串儿。

"熘"是加上淀粉或一些酱料来烹饪。

"爆"的特点是大火快炒。

"蒸"是借助蒸汽把食物做熟。"蒸"一字的来历包含"用容器在火上"做饭，这也是这一烹饪方法最开始的样子。厨师把多个蒸笼摞起来，放在一锅开水上蒸食物（小心操作！），笼屉是网眼状的。可以用这种方式做蒸饺、包子或者鱼。现在的中国人家里做菜一般已不再用蒸笼，而是用电蒸炉。

"焗"是用蒸汽使密闭容器中的食物变熟。

"炮"是用小油锅旺火热油烹调食物的方法。

"扒"是用温火将菜烹至酥烂。

"煨"是用火加热烘干烤熟。

"炖"是用足够的水通过长时间的加热将食物做熟，

而且要做得又烂又熟，比如可以炖鱼。

"烩"是加一定量的水，用温火煮熟原料，最后勾芡。又或者把米饭和菜混在一起加水煮。

中国人在改革开放之路上跑得越快，就越能理解"时间就是效率"的精髓，用对应的商业模式和具体的内容去执行它。所以现代中国人偏爱"烩饭"。把米饭和荤菜、素菜、海鲜混在一起，往压力锅中一丢，倒点水，再加点调料，定上时，就可以去忙别的事了。不用"干饭人"参与，饭就能做好。而且烩菜、烩饭冷藏一两天，也还能吃。当然这种"烹饪"有点"假冒伪劣"之嫌疑，但也是没办法啊……来自经济发达地区（也是经济实力更强的）的上海人和南方人经常这样做饭。而他们如果想一饱口福，还是会出去下馆子。

以上是最常见的烹饪方法。还有一些没提到的，比如腊肉、熏肉或者用热石头的余温将食物做熟。我们还是来聊聊最古老的烹饪方法之一——拍打。世界各地的菜系中都会推荐在做肉之前，将肉好好地拍打一下。古生物学家的研究表明，古代人把肉拍打完，就可以直接食用了。在欧洲有生牛肉塔塔（tartar），这是一道著名的法国菜。欧洲人传说这一道菜是由塔塔尔族带到欧洲的。

中国人从很久以前就不吃生肉了。不过当今中华美食倒是有生的拍黄瓜。您是否想了解如何将再普通不过的黄瓜做成美味的中式凉菜呢？

西红柿炒鸡蛋

西红柿炒鸡蛋（或番茄炒蛋）是中国菜中最简单的一道菜，也是在中国的老外最爱的一道菜。

许多外国人都曾说过，他们与中华美食的情缘正是由番茄炒蛋而起。毕竟这道菜有点像外国人习以为常的西式早餐中的炒蛋 (scramble eggs)。

虽然西红柿炒蛋看起来跟西式早餐中的炒蛋有点像，但是烹饪时的几个小秘密使它独一无二。在中国早、午、

晚餐都可以吃西红柿炒蛋。这是一道万能的菜，不只受

到外国人的偏爱，也是"龙的传人"的最爱。

我们需要以下食材：

① 鸡蛋 5 个
② 粉红西红柿 2 到 3 个
③ 小葱
④ 盐适量
⑤ 糖 1 茶匙
⑥ 玉米淀粉 1 汤匙
⑦ 酱油 1 茶匙
⑧ 米醋（可用陈醋代替）1 茶匙

第 **1** 步：

西红柿洗干净，切大块，放进碗中。我们将西红柿先切成 6 块，
之后每块再一分为二。

第 **2** 步：

鸡蛋加少许盐打散，添加 1 茶匙米醋，1 茶匙酱油，均匀搅拌。

第 **3** 步：

热锅（可以使用中式的圆底炒锅，也可以使用俄罗斯大厨习惯用的
平底锅），添加植物油。

第 **4** 步：

油热后将鸡蛋倒入锅中。蛋液"凝固"后开始用铲子翻炒。要抓准

时机翻炒，否则一不留神摊了一张没熟透的鸡蛋饼。最终鸡蛋的状态应该像"撕碎的"。

第**5**步：

将炒熟的鸡蛋倒入盘中。

第**6**步：

再次大火热锅，添加植物油。将西红柿放入锅中，添加少许盐及 1 茶匙糖。许多中国大厨还喜欢往西红柿里加点番茄酱。他们认为这样才会有更浓郁的西红柿味。我们就只添加新鲜的蔬菜吧。如果您能买到微微发软的粉色番茄，不加番茄酱，菜也会十分美味。

第**7**步：

西红柿快熟的时候，添加一点水，盖上锅盖。

第**8**步：

这时开始勾芡：将 50 到 70 毫升的水和 1 汤匙玉米淀粉搅拌均匀，添加到锅中。勾芡是为了使酱汁有黏度，这是中国菜的典型特征。将芡汁与西红柿搅拌，等 20 到 30 秒，芡汁与西红柿融为一体就好。

第**9**步：

将鸡蛋倒入锅中，与西红柿搅拌。等 30 秒让鸡蛋吸收西红柿的酱汁。

第**10**步：

把菜倒入平底盘子里。可以撒一些葱花。

中国人经常将西红柿炒鸡蛋作为一顿饭中唯一的菜来吃。在这种情况下，上菜的时候同时会配一碗白米饭。

扬州炒饭
来自扬州市的蛋炒饭

扬州炒饭简单到不可思议，其存在也证明了中华美食里也有容易做的菜。扬州炒饭受到大众的青睐，以至于不只在扬州市，在全世界任何一家中餐馆的菜单上都能找到"扬州炒饭"。

我们需要以下食材：

① 熟米饭 400 到 500 克

② 胡萝卜 1 根

③ 新鲜的或者冷冻的豌豆
    80 到 100 克

④ 鸡蛋 2 个

⑤ 小葱 1 把

⑥ 煮好剥皮的虾仁 150 到
    200 克

⑦ 火腿肠 2 根

⑧ 酱油 1 汤匙

⑨ 盐

第 **1** 步:

大火热圆底炒锅,加入植物油。

第 **2** 步:

把虾仁放到锅中,加热翻炒,倒入盘中。

第 **3** 步:

胡萝卜切成长约 0.5 厘米的小丁。

第 **4** 步:

再次热锅,添加植物油,倒入胡萝卜翻炒。

第 **5** 步:

胡萝卜熟后添加豌豆,翻炒。添加切成小丁的火腿肠(可用香肠替代),翻炒至熟,出锅。

第 **6** 步:

将 2 个鸡蛋在碗中打散。

第 **7** 步:

倒入大量植物油热锅。

第 **8** 步:

将鸡蛋液倒入炒锅。鸡蛋一"凝固"就开始翻炒,直到八成熟。

第 **9** 步:

往锅中倒入米饭,翻炒。将米饭与鸡蛋放在锅中一起加热翻炒,炒到有点干为止。

第 **10** 步：

锅中加入胡萝卜、豌豆、火腿肠，翻炒。

第 **11** 步：

添加虾仁，翻炒。

第 **12** 部：

添加适量的盐，1 汤匙酱油，翻炒。

第 **13** 步：

把葱切成葱花，倒进米饭中，翻炒。

第 **14** 步：

炒饭出锅，盛到平底盘中。

拍黄瓜

　　拍黄瓜属于家常菜（也就是大家平日里会自己做的菜）。虽然做起来很简单，但这道菜可是聚会餐桌上必不可少的一道菜。

　　拍黄瓜这道菜非常爽口（按照食物的五性分类，它属于寒性食物），因此特别适合夏季吃，毕竟中国很多地方的夏天还是非常炎热而漫长的。

　　拍黄瓜有助于排毒降脂……总之，益处多多并且非常可口，做起来也很容易。

我们需要以下食材：

① 黄瓜 2 到 3 根
② 蒜 5 到 6 瓣
③ 小葱
④ 熟芝麻 1 汤匙
⑤ 红辣椒 2 到 3 根（依个人口味适量添加）
⑥ 葵花籽油（或其他可熟吃的植物油均可）2 汤匙
⑦ 酱油 2 汤匙
⑧ 米醋（可用 6 度陈醋代替）1 汤匙
⑨ 糖 1 茶匙
⑩ 盐 1 茶匙
⑪ 香油（依个人口味适量添加）
⑫ 花生（依个人口味适量添加）

第 1 步：

将黄瓜洗干净，两头切掉。削一层薄皮，这会让黄瓜更加入味。

第 2 步：

把黄瓜放到案板上，用大菜刀的刀面（也可以用擀面杖）拍打黄瓜。

第 3 步：

把拍打过的黄瓜竖着切成四份，然后再横着切成 3 到 4 厘米的小段。将黄瓜放入大碗，撒 1 茶匙盐，搅拌。

第 4 步：

准备酱汁。蒜、红辣椒、葱切末。放入深盘子。

第 5 步：

添加 1 汤匙熟芝麻（也可以添加一点炒花生）、葵花籽油（或其他可熟吃的植物油均可）、米醋（可用 6 度陈醋代替）、酱油并滴两滴芝麻香油（香油一定要控制好量，一两滴足矣），好好搅拌均匀。

第 6 步：

把调好的酱汁淋在黄瓜上，搅拌均匀。

第 7 步：

将拍黄瓜放入盘中，堆成"小山"。凉菜上桌。

五味

在继续了解中餐前，我们试着回答一个有点哲学性的问题：中餐是否有灵魂？

天下美味的灵魂在于味道。中国人比较喜欢归纳（五大元素、四面八方、十二属相、108位圣人等）。中国人把"口味"也分成了"五味"，指甘、酸、苦、辛、咸。

注意：不要将"五味"与道家思想"无为"混为一谈。

有一些美食家还将鲜味也列入味道之一，他们会指出日本和中国菜中都会有这个味道。貌似这种味道说明食物格外美味、口感饱满，是通过往食物里添加一些调料而达到的（日本叫"味之素"，中餐中叫"味精"）。但现在中国人很少使用味精，所以我们在本书的菜谱中都将其删除了。你们也不用纠结了。

五味的概念在中国人生活中广泛使用。餐厅的菜单中，辣菜的菜名旁都会画一个小辣椒的图案。点菜时候服务员也会问你："能吃辣吗？"如果你说"微辣"，服务员就会告诉厨师少放辣椒。厨师有没有少放？我不知道，但是上来的菜可能还是无敌辣的。

五味的概念不只在饮食中能遇见。如果腰疼去看医生，患者很有可能会用"酸痛"来描述自己的状态。其实也不难理解：在俄语中，我们也常用味道来描述一些状态，比如"你为什么看起来酸溜溜（代表不高兴）的？"，又或者危险是"火辣的"，而生活是"甜美的"……嗨，不过可惜，生活并不总是甜滋滋的。

大家普遍会认为，中国的南方（长江以南）菜是甜口的，北方是咸口的，而西部是辣的。这是大致按照区域对口味的分类。但是一位刚入门的厨师要熟练地做出更加丰富的口味，而这种复合的口味是通过烹饪过程中的调料融合而达成的，你只要记住固定的搭配，就可以说自己是"中餐小百科"了。请记好：

糖醋、咕咾、甜酸——看名称就能大概猜到是什么味道了。这是中餐里制作肉食的主要方式。需要醋、糖、淀粉、盐、酱油、番茄酱（番茄汁）。用这种方法制作的著名菜肴有糖醋里脊和咕咾肉。咕咾肉的精髓在于菜中新鲜菠萝或菠萝罐头的味道。

红烧——其基础是酱油，还会添加米酒、葱、姜、八角、辣椒、盐、香油和糖。除了白砂糖以外还可以用冰糖。可以做红烧的猪肉、禽类（鸡或鸭）、豆腐。制作红烧牛肉面时还会加一种特别的酱料——豆瓣酱。以这种方式烹饪的最著名的菜非红烧肉莫属。

"宫保"的由来是，据传说19世纪中国四川总督丁宝侦去世后被追封为"太子太保"，而"太子太保"就是"宫保"之一。丁宝侦是宫保鸡丁的发明者。制作宫保鸡丁时需要添加酱油、醋、米酒、盐、香油、糖、淀粉，后续还会再放花椒、干辣椒和姜。宫保鸡丁正是海外人士所熟知的"放了花生的鸡"。

麻辣——这个口味就是辣和麻。麻辣口味的菜是要放辣椒油、豆瓣酱、酱油、醋、米酒、糖、盐、四川麻椒（花椒）粉和香油。不够强大的人可吃不了麻辣口味的菜！中国的火锅底料也会有麻辣口味。

鱼香——顾名思义就是"有着鱼的香味"。传说有位厨师不知是粗心大意还是别出心裁，把做鱼的调料放到了猪肉的菜中。结果出乎意料，成了杰作。想要调出"鱼香"就需要酱油、米酒、糖、盐、豆瓣酱、醋和香油。最著名的菜有鱼香肉丝和鱼香茄子。

以上是中餐里最常见的复合口味。除了这些还有数十种，包括卤味（有点发苦的香料味）、油爆、酱爆、葱爆、椒盐、焦糖等多种口味。还有，煮鱼或羊肉的时候为了去腥，不只拿白水煮，也会添加一些调料。

懂行的美食家到饭店吃饭都会点清蒸鱼，这样做的鱼保留了原有的鲜味。

大家也许已经注意到了，中国人对口味的分类与俄罗斯的有所不同。不过俄罗斯厨师有可参照的口味体系吗？我们来打开现代版的"神谕"，也就是万能的搜索网站 Yandex[1]。我们能搜到的分类大致有三种。第一是香料，指的是"有香味的植物的一部分，如叶子、种子、

1　编者注：这是俄罗斯最大的搜索引擎。

茎秆、花蕾、根部"。第二类是调料,包括盐、糖、苏打粉,是做菜过程中放的。还有调味品,指的是"由香料和调料组成的复合产品"。并且调味品列表中第一个提到的是斯美塔那酸奶油(smetana)。

酸奶油为什么会是复合品?里面有哪些香料和调料?这是一个谜。又或者还有辣根:如果辣根末是香料,那旁边瓶子里加了一滴醋的"辣根酱"就算调味品了吗?加了红菜或者奶油的辣根又算什么?说到这,我们普通消费者肯定会觉得"无所谓了!管它算什么呢!",这也无可厚非。

18世纪的中国清代文学家、厨师和美食理论家袁枚在《随园食单》(我会把它直接翻译成"别墅度假做的菜")中,将素有的调味品分为两类:做菜时候放的和吃饭时候用的。这种分类够用了吧!

后面我们在介绍酱料的时候还会再提到这个话题。

米、面、粥

米是万物之首

　　如果要给中国人的食物排名，排第一位的一定是大米。几个世纪以来，大米从华南沿京杭大运河运到北京，然后储存在国家的粮库中。

　　在北京的城市内水动脉中的一个湖——前海那里，曾经有装满大米的舢板泊位。今天，在北京海云仓胡同一带，仍然可以看到一些由从前的粮店改建而来的餐馆和咖啡馆。

　　据说，华东姑娘皮肤娇嫩，这也要归功于大米。嗯，当然，还要再加上温和湿润的气候、良好的水质、柔软得像是在抚摸身体的丝绸衣服，最后还有不忍心让女儿从小就辛苦劳作的父母。但是话说回来，华东姑娘的皮肤确实非常细嫩。

　　大米的第一种做法毫无疑问是稀饭——就是用白水煮大米。成千上万个中国人的一天都是从一碗稀饭开始的。这里我想说，"成千上万"无论是作为比喻还是作为量词来描写中国人，都是放之四海而皆准的。

　　言归正传，继续说说大米。记得 20 世纪 80 年代后半期，在中苏断联了很长时间后，一个中国记者代表团

前海。大米
沿着大运河
运到这里

抵达苏联。为他们准备的伙食费绰绰有余，随团翻译更是绞尽脑汁，点各种美味佳肴。

但是记者团里的记者年龄又都比较大，超级讨厌鱼子酱和咸鱼脊肉。随团翻译尽了最大努力，但很快，就连翻译自己也吃够了类似闪光鲟这样的菜肴。这样就不得不添加菜的种类，效果显而易见。旅行进行到一半时，我们的中国友人开始闷闷不乐起来，而一位摄影的女士肉眼可见地变得越来越憔悴，于是赶紧去就医。原来，各位贵宾的肠胃虚弱，无法应付巨大的饭量，而更关键的问题在于吃的东西太油。开的药缓解了这种情况，但随团翻译从此每天早上专门到厨房来定稀饭，以此解决贵宾们的消化问题。"什么，不放点儿牛奶吗？"厨师们可吓坏了。"一滴都不放。糖也一克都不放。"翻译严厉地回答[1]。

但其实中国人还是会往稀饭里加东西的。通常早餐会放一些在欧洲人看来稀奇古怪的小菜，例如：剁碎的酸菜、腐乳、小干鱼……如果你入住了中国的酒店，可以尝试一下，但要谨慎，一次就尝一点点，而且最好别在入住第一天就这样做。这些小菜纯粹是民族风味。我都能想象我们一些同胞的潇洒行为："快把你们早上常吃的都拿过来……"

除了白米饭和稀饭，早上还可以吃大米做的竹叶饭团、米粉饺子、锅巴、米粉。总是赶时间的年轻人往往更喜欢工厂制作的西式米片。上海人，尤其是年长的人，会直接食用或在其他食物中添加一种发酵的酒酿来帮助消化。甜甜的酒酿在北京也能尝到。

米饭的做法看起来很简单，但其实有一些是假象。例如饭团——你以为米随便一煮，快快地滚几个球就可以随便吃了吗？这可没那么快。在变成"团"之前（这个字在中文还有"团圆"的意义）大米必须经过初步发酵的过程，即轻微发酵。

有一个特殊的品种——糯米，在中国南方常见。用于烹制传统甜食、酒酿粥等。

1　编者注：俄罗斯人熬粥时习惯加牛奶和糖。

　　有人说中国是面之乡，也是各种面条的起源之地。但无论面起源于何处，面条在整个天朝都广为流传。不知何故，整个国家大概被对半分成了米食者阵营（南方）和面食者阵营（北方），尽管现如今这只不过是一个形式上的分类。

　　面有粗有细，有宽有窄，可以用小麦、荞麦、豆粉作为原料，加入鸡蛋、山药、紫菜、菠菜、绿茶……

　　有的地方会切面或削面，有的地方拉面或擀面，而

宽面

还有一种做法则是直接把面团撕成小段。然后面条可以煮、炒、蒸、油泼。无论是早上还是晚上，一般面条端上来的时候都会配一碗汤。

值得一提的是，在 19 世纪人们发明了有点像绞肉机似的面条机，从此面条可以用机器来做了。

清真的兰州拉面肉汁丰富，北京的炸酱面有酱和切碎的蔬菜，在河南感冒了赶紧吃碗羊肉烩面，四川大街上随处可见担担面——以"扁担"冠名的一种有滋有味的面条。相传，第一个将干面条和所有配套的花里胡哨的东西收拾好，装在用扁担挑着的两个篮子中的，是一位名叫陈包包的街头小贩。像四川的几乎所有食物一样，

和面，拉面，然后拍打

这是一道非常辣的小吃。一些人竟开玩笑地建议用它烧灼溃疡。可想而知它有多么辣啊。

过桥面是江苏地区的特产。某本古老的上海方言词典里注解道，"过桥"是厨师们的行话，代表上面条的时候，面和酱汁是分开的。再比如，另一道扬州的菜"将军过桥"也是如此。这是一道用黑鱼做的鱼汤，上桌的时候鱼肉和汤是分开的。

当然"将军"过桥后也可以再来碗过桥面。云南还有过桥米线，传说与某位秀才有关。秀才有点像现在的博士生或者助理研究员，坐在可以看到美丽山景的凉亭里苦读古书。这位秀才的妻子给他送吃的，可是他学习学到废寝忘食。妻子非常尊重这位有学问的丈夫，到了傍晚，她会把所有剩下的菜倒在一起，加热后再次送给丈夫，路上要走过一座石桥。后来，地方的厨师也开始做类似的菜，但是给取的名字不是"剩菜乱炖"，而是"过桥米线"。这些厨师也有当诗人的潜质。

中国北部山西省的面条也十分出名，有200多种。那里的师傅只用随随便便的一个工具就能非常快地削出刀削面。山西的刀削面在北京也很出名，因为北京的山西人也不少。

北京人也是北方人，对面情有独钟，甚至一生都有面相伴。孩子出生第3天的时候会做"喜面条"，而为长者庆生的时候会端上长长的长寿面。葬礼上也有面条，代表着生者对逝者的思念。

我们一起来做碗北京炸酱面吧。炸酱面是用粗面条做的，在一些老北京风格的餐馆里，上炸酱面的时候会非常隆重。希望您有机会亲眼看看这一隆重场面，听听它有多热闹：大厨会端着面到大厅，后面跟着5到6个小厨师，端着装有蔬菜的小盘子，把切好的蔬菜撒到面上，过程中还发出欢闹的声音。酱根据口味自行添加。在家里想要摆出类似的场面可以让妻子和丈母娘参与（或者丈夫和孩子）。

为了让面条吃起来有滋有味，人们会放很多蘸料。酱料的种类数不胜数，有八珍辣酱、芝麻酱、梅子酱（有点像格鲁吉亚的 tkemali 酸梅酱）、牡蛎酱、番茄酱、豆腐酱和腐乳酱、肉桂酱、五味酱、担担面专门配的酱等等。有一次我向中国朋友解释俄罗斯的甜果蜜饯 "varenye" 是什么。他们听完我的描述后说："哦，原来是果酱。"一下子就很清晰。

笔者于20世纪80年代末在北京北火车站旁的一家小面馆里，吃到了此生觉得最好吃的面条，酱料的味道也是最棒的。到这家店吃饭的都是从火车站下车或要上车的人，大家都被"面条大师"现场做的面条所吸引。很可惜，这位面点师傅的姓名与这家面馆都已经在历史的长河中消失了。如今在这个地方立着一座高高的写字楼，当然了，写字楼肯定也很有用。我还记得那里的面条分量非常足：面条盛到一个小盆中，堆得满满的。我们记者团的人打赌，看谁能吃完一碗半的面条，最终谁也没能挑战成功。这家店里还会估摸着量给顾客倒酒，把便宜的 56 度的二锅头倒进小杯中。我们记者团就会跟这家店的常客一起干杯。当时店里的客人都觉得很荣幸——那时只有我们是外国人（当时还是苏联人），干杯时，大家都会大声地欢迎我们，有时候可能是醉话，但一成不变的是大家都非常友好。

但或许，不是那时候的面条更好吃，而是我们更年轻？

到了冬天，最美味的非热腾腾的拉面莫属。拉面本身就是主食，一般不需要再上配菜了。在北京，卖拉面的通常是穆斯林餐馆。但想吃到正宗的拉面还是要去中国西北部甘肃省的省会——兰州市。到那里，您还可以欣赏到黄河中流穿过草原和沙漠地带的壮观景象。当地人一定会给您推荐"老马家拉面"，我当时就听从了他们的建议，一点也不后悔。如果您已经到了兰州，就直接买机票去敦煌（中国古丝绸之路的重要关隘）吧。敦煌有著名的千佛洞，在历史上很长一段时间里都是佛教圣地。

北京炸酱面

北京炸酱面是一道传统的北京小吃，做起来非常容易。它不只在北京家喻户晓，在天津和整个河北省都非常有名。

这道小吃的特点就是炸酱，顾名思义，这种酱是在锅中炸出来的。

制作方法比较简单，关键在于备齐各种酱料、酱汁。

我们需要以下食材：

① 宽面条 200 克

② 猪肉馅（或肉丁）150 克

③ 白菜 50 到 70 克

④ 水萝卜 2 个

⑤ 黄瓜 1/4 根

⑥ 胡萝卜 1/4 根

⑦ 大蒜 2 瓣

⑧ 生姜 30 到 40 克

⑨ 黄豆酱 3 汤匙

⑩ 甜面酱（可以用豆瓣酱代替）1 汤匙

⑪ 老干妈辣酱（依个人口味添加）1 汤匙

⑫ 米酒 1 汤匙

⑬ 酱油 1 汤匙

第 **1** 步:

做酱汁。在碗中将 3 大勺黄豆酱和 1 勺甜面酱（或者豆瓣酱）搅拌均匀。无辣不欢的人还可以再加一大勺老干妈辣酱。搅拌好先放置一边。

第 **2** 步:

热锅，添加植物油。

第 **3** 步:

把肉馅放入锅中，翻炒到熟。

第**4**步：

将剁好的蒜末和姜末加入锅中，与肉馅搅拌均匀。

第**5**步：

添加 1 汤匙米酒、1 汤匙酱油，搅拌均匀。

第**6**步：

将混合酱料（黄豆酱、甜面酱和老干妈辣酱）加入肉馅，搅拌均匀。
在锅中炒 30 到 40 秒，出锅。

第 **7** 步：

煮面。如果您跟老北京人一样备好了手擀宽面条，开水煮 4 至 5 分钟就足够了。煮面时不用加盐：刚才我们做的酱味道已经很丰富了。有的皇城餐厅会用意面做炸酱面。一般这种改良版的炸酱面会出现在有很多外国游客的景点餐厅。

第 **8** 步：

将面条捞出，放入深盘子或大碗中（平底盘不太适合，因为面上还要加酱和蔬菜）。将炸酱淋在面上。

第 **9** 步：

将蔬菜切丝，放到面条上。要注意所有配菜分开摆放，只有面条上桌后才会把菜、面条跟酱搅拌到一起。蔬菜的种类可以自选。有人喜欢加腌菜或水萝卜，有人喜欢加大豆和豆芽。炸酱面的灵魂在于炸酱，而搭配什么蔬菜都是因人而异。

第 **10** 步：

大功告成。也可以再添加一点葱花。

担担面——四川辣面

　　担担面的发源地是中国西南部的四川省，而川菜以辣出名。担担面的特点是它的酱汁加了花椒油。

　　如今担担面早已成为家常菜，在中国的大江南北都能吃到。

　　我们需要以下食材：

① 手擀面 200 到 300 克　　⑨ 盐

② 猪肉馅 100 克　　⑩ 酱油 4 汤匙

③ 芝麻酱 1 汤匙　　⑪ 花椒油 2 到 4 汤匙

④ 干辣椒 3 根　　⑫ 米酒 1 汤匙

⑤ 四川麻椒半茶匙　　⑬ 香油半茶匙

⑥ 陈醋 1 茶匙　　⑭ 发酵芽菜 3 汤匙

⑦ 糖 2 汤匙　　⑮ 小葱（上菜前添加）

⑧ 腌菜芽菜 3 汤匙

- -

第 **1** 步：

大火热锅，添加半茶匙四川麻椒，将火开到最小。花椒在锅里炸 1 分钟左右，直到能闻到花椒香味。

第 **2** 步：

捞出花椒，研钵中磨碎。

第 **3** 步：

大火热锅。添加 3 汤匙酱油、1.5 汤匙糖、1 茶匙陈醋，加热搅拌，关火倒入碗中。

第 **4** 步：

在碗中往 2 汤匙上述的混合酱料中添加 1 汤匙芝麻酱、花椒末（正是我们刚才在研钵中磨碎的那些）、2 汤匙红辣椒油，先放到一边。

第 **5** 步：

在另外一个碗中放入肉馅，添加少许盐、半茶匙糖、半汤匙米酒、半汤匙酱油。搅拌后再添加半茶匙香油，再次搅拌，放到一边腌制 10 分钟左右。

第 **6** 步：

大火热锅，锅中倒入植物油，添加干辣椒。炸辣椒是为了使油吸收辣椒的香味。当干辣椒颜色变深后从锅中捞出。

第 **7** 步：

锅中添加 3 汤匙腌制芽菜，翻炒。

第 **8** 步：

调到中火，锅中放入肉馅，加热几分钟至熟。

第 **9** 步：

等肉馅变色后添加半汤匙米酒、半汤匙酱油，搅拌均匀，加热至熟。肉馅出锅，放入大碗中。

第 **10** 步：

取出一会儿上菜用的深盘子。添加 1 到 2 汤匙芝麻酱、酱油、辣椒及辣椒油制作的混合酱汁。将酱汁均匀地涂抹到盘子的底部。

第 **11** 步：

开水煮面。

做担担面用的是细面条。在中国的任何超市里都能买到现成的手擀细面条来制作担担面。

如果您愿意，也可以自己擀面，又或者可以任选一种你厨房里存放的面条。我们会建议用直条意面代替，其形状最接近担担面。也可以尝试根据自己的口味用黑米面或任意一种其他的面来做这道小吃。不过做出来后可能就不是"四川故事"了。

第 **12** 步：

将面条煮好，倒入笊篱过凉水。再将面条倒入刚才涂抹了酱汁的盘子中。

面条的摆盘也是有讲究的，要用筷子先夹起一缕面条，一层层地放入盘中，最终面的形状有点像一团毛线。

在中国，有些咖啡厅和餐厅不只是用酱汁涂抹深盘子或碗，还会添加 50 到 100 毫升的煮面水。相当于面配上一点辣汤，但是酱汁也不能太多，不能把面条完全淹没，变成汤面。

第 **13** 步：在面条上放炒的肉馅及芽菜。爱吃辣的话，还可以再加 1 到 2 汤匙辣椒油。

第 **14** 步：上桌前撒上葱末。

在许多中国的餐厅里，上担担面之前还会添加一点花生碎。

粥

　　把不同的谷类作物联系到一起的食物就是粥（中餐中与粥的地位差不多的还有羹）。粥是中国人的主食，小孩子和生病后正在康复中的患者都更愿意喝粥。北宋（公元960年至公元1127年）的著名诗人苏东坡还专门写了首诗作来歌颂粥。

　　谷物种类最丰富的粥叫作八宝粥，是在佛教的腊八节，也就是农历的十二月初八煮的粥。腊八粥是用8种谷物与豆类熬成的，通常包含大米、各类豆子、小米、高粱米、黍子、玉米碴子等等。还会添加8种果干、种子和坚果——大枣、葵花子、莲子、银杏、栗子、葡萄干、柿子干、核桃，也可以有花生、杏仁、枸杞等。

　　在北京西部山区的古潭柘寺内，可以看到一个直径4米、比人还高的巨大铜锅。可以想象一下节日时有多少朝圣者在那里喝腊八粥！如果您到中国首都旅游，一定要去参观这座建于公元307年的寺院。最好是在北京秋高气爽之际前去游玩，此时热气已消散，路上还能买到熟柿子。

　　想必大家也立刻想起了13世纪禅宗画家牧溪的画卷《六柿图》吧？一幅巧妙的画作，可以跟《蒙娜丽莎》相媲美的作品。

牧溪《六柿图》

皮蛋（"百年老蛋"）

要是喝粥的时候在碗中看到乌漆麻黑又有点发紫的东西，别害怕——那就是皮蛋，或者还叫松花蛋，也就是俄语中所流传的"百年老蛋"。皮蛋是用石灰、稻壳、黏土和盐腌制的鸭蛋。虽然俄罗斯传说这种蛋叫"百年老蛋"，但其实只要 99 天就能做好。

古代医书《医林纂要》（公元 1758 年）中讲到皮蛋可以"泻肺热，醒酒，去大肠火，治泻痢"，还可以治疗眼疾、牙疼、高血压、耳鸣、眩晕等疾病。

听着皮蛋的神奇功效，我觉得中国人好像也不太需要医生。

作者本人认为加了米醋或酱油的松花蛋对于成年人来说是不错的凉菜！这个我们还是敢尝一尝的！而关于皮蛋"传遍千里的异味"这一传闻，还是过于夸张了。

中国还有茶叶蛋，就是在茶汤中煮的普通的鸡蛋。

另外我还尝过一种孵化过的鸡蛋，但是忘了叫什么了。

火锅与瓦罐

火锅是最"民主"的烹饪方式，传说其渊源可以追溯到古代。原始猎人不等食物彻底煮熟，就迫不及待地从大锅中捞出滚烫的肉块并贪婪地塞到嘴里。同时，他们一定发出了一些原始的声音，痛苦、快乐和笑声交融在一起。也许正是在那时，为了避免手部烫伤，人们在挣扎的过程中发明了筷子。至于语言嘛……那时对语言还没有这么高的需求。

最简易的火锅就是火上有口锅，锅里咕嘟着火锅底料，吃饭的人想往里下什么就下什么。每个人可以自由选择食材，这充分体现了火锅的"民主性"。

后来，锅炉的结构变复杂了，多了个炉灶，有点像不带盖子的俄式茶炊（我们就不细究中国火锅和俄式茶炊是否有历史渊源这个问题了）。

现在还有电火锅、小型的煤气火锅，比较少见的是烧柴的大火锅。

火锅的主要作用是涮肉。您可以用筷子把切得薄薄的羊肉、猪肉、牛肉下到滚烫的锅里，只要半分钟，肉就熟了，就直接……不不，不是送进嘴里，而是先送进有蘸料的小碗里。火锅蘸料通常是芝麻酱，但也有混合蘸料，包含腐乳、辣椒酱或米醋，还有蒜汁。还有很多其他种类的蘸料，比如，有沙茶酱、花生酱、蒜泥、芥末酱、香醋、萝卜泥等等，数不胜数。

锅中咕嘟的叫底料，可以简单分为两种：辣的和不辣的。有时候会上一个有隔板的锅，一边放辣的锅底、一边放不辣的，叫鸳鸯锅。容易纠结的人一会儿涮辣锅，一会儿又涮不辣的。除了辣锅和清汤锅以外还有很多其他的口味。有人喜欢咖喱锅，还有人竟然喜欢甜锅底！这个我无论如何都理解不了！不过也不稀奇，毕竟水果味啤酒也是存在的！

注意：如果说锅底是辣的，那它是真的非常辣！

接下来会往锅里下白菜、玉米、萝卜、青菜、面条、粉丝、藕片、切块豆腐，等等。煮着煮着，就成了一锅浓郁的汤，里面融合了所有涮过的食材的味道和香气。

然而，营养学家警告说，在煮过肉类和蔬菜后，火锅底料中就有了嘌呤。这点还是必须要告诉您的。

如果往火锅里下鱼，锅底就变成了浓郁的鱼汤。跟鱼一起吃的一般还有虾、小章鱼腿、鱿鱼圈，等等。

另一种相当古老的烹饪方式是用瓦罐来做菜。中国的瓦罐是俄罗斯铁罐的兄弟，不过很可惜后者已经几乎被淘汰了，几乎没什么人使用。这还是非常可惜的，因为铁罐里焖的土豆烧肉比在任何名牌平底锅中烧的都要好吃一万倍。俄罗斯铁罐在炉中吸收到的热量会均匀地分布到罐面上，并可以保证食物受热更加均匀。然后我们用炉叉把铁罐从烤炉里拿出来，拿起我们的木勺……啊，没什么好拿的，已经吃完了。

中餐里，用瓦罐做的最著名的两道菜是红烧肉和佛跳墙。红烧肉我们后面还会详细介绍。传说，唐朝的高僧在念经时闻到一股飘香，高僧跳墙而入，佛跳墙即因此而得名。

另外一个传说称佛跳墙来自福建，始创于清末道光年间（公元 1825 年到 1850 年）。

但是我觉得这道菜的创始人、福州市"聚春园"的老板还是非常有幽默感的，甚至还有点冒险精神，居然敢取这样的菜名。

传统的佛跳墙包含两种主要的食材：鲍鱼和海参。除了鲍鱼和海参，传统的佛跳墙里还有鱼唇、花菇、墨鱼、扇贝、鹌鹑蛋和牦牛皮胶等，汇聚到一起。我也不知道还可以补充什么……

我要作证：这道菜确实很好吃！突然理解"佛"为什么会跳墙了。

锅和瓦罐也有一些其他版本，比如类似蒸锅的封闭式的瓦罐。做好的菜还可以在上菜以后持续加热，整个晚上，诱人的飘香都会在您周围挥散不去。

中国航天员喜爱的食物

　　我很早以前就发现，最美味的菜肴通常是用最简单的食材烹饪而成的，而有时候则是用没舍得扔掉的菜做的。比如意大利披萨，理想状态是用一点面粉、熟透的西红柿、有点风干的奶酪和橄榄来制作。其他民族也有一些菜谱的第一句话是："请拿一块儿又干又硬的面包……"或诸如此类的例子。部分这类用"剩余"食材做的食物已成为了民间传说的一部分：比如，著名的俄罗斯的童话人物"小圆面包（kolobok）"就是"扫过谷仓，刮过桶"做出来的。

　　中国人其实偏爱新鲜食材，最好是只花几分钟就能做成的快手菜。但是中餐里也有越放越"值钱"的食材。首先，当然是俄罗斯人都认识的豆腐。豆腐的蛋白质含量接近肉，因此中国太空征服者——中国航天员的食谱里就有豆腐。在俄罗斯，只吃素的人也喜欢豆腐。甚至斋菜中有一些菜是专门用豆制品做成素肉和素肠，有时候完全区分不出来是"真"肉还是"假"肉。

　　豆腐的种类非常多。可以做豆腐汤；有些用嫩豆腐做的菜，形态跟果冻差不多；可以煮豆腐、煎豆腐；还可以蒸豆腐。最好吃的还是家常豆腐。

豆腐

还有一种以腌制方法做成的豆腐，叫"腐乳"。可以配粥吃，也可以在喝啤酒或高度酒的时候当下酒菜，还可以像黄油一样涂到面包上。

但最美味的豆腐的做法是"臭豆腐"。这种灰溜溜疑似发霉的豆腐块漂在蓝绿色的黏稠汤汁中的样子，使人瑟瑟发抖。而它的气味……真的一言难尽，跟我们想象中的长时间发酵食品的味道一样难以接受。

总之，跟臭豆腐相比，榴莲的气味会让你觉得像春天紫罗兰的芳香。话说到这儿，我也不太理解，为什么有人会无法接受我最爱的榴莲？吃过两三次后就会觉得榴莲的香味是甜甜的，堪比一些现代的男士香水。

中国文献称，发明臭豆腐的是一名安徽的举人王致

榴莲

和。他在康熙八年（公元 1669 年）上京参加科举考试，但最终落榜了。这名王先生羞愧难当，不愿回家，因此决定在安徽会馆里住下来，等待下次的科举考试。房子找到了，但也要吃饭啊！王致和出身于世袭豆腐师世家，就决定制作安徽腐乳来卖。想卖就要自己做啊！他开始尝试，用哪个品种的当地豆腐做腐乳才能达到理想的味道和口感。

结果就弄巧成拙，其中一个密封的瓦罐在高温环境中放得太久了。王致和打开一看，差点儿被熏得晕过去。

这种"腐烂豆腐块"的味道非常丰富多彩，奇怪的是，它很快就得到了很多崇拜者的偏爱，爱吃它的人至今也多不胜数。

发酵的豆腐（也就是腐乳）的美食意义是促进消化，特别是在食用过多的植物类食物（包括谷物及其衍生物）的情况下。腌制过的蔬菜也有这个作用。

我还是要推荐一道四川王牌菜"麻婆豆腐"。这道菜里有一点肉，但是非常少，主要作为点缀。美食家称，这道菜在公元 1862 年始创于四川成都周边的饭庄里。这家饭庄的女主人因为长了满脸麻子，被大家称为"麻婆"。"麻"就是"像芝麻一样"，而"婆"是对女性的称呼。

麻婆饭庄的一边开着家卖肉的店铺，她每天都会以很便宜的价格买下生肉，而小饭庄的另一边是豆腐铺子。

麻婆创意满满，把这两种食材放在锅中结合起来，再加上很多辣椒。"太美味了！"善良的四川人一拥而上，都跑到麻婆的饭庄里吃饭，而"麻婆豆腐"也留名于千古。

还有一种跟豆腐制作技术相似的食物——粉，是用淀粉做成的。粉丝、粉片等都属于"粉"类。当然我们俄罗斯人不太能区分它们，觉得都跟面条差不多。但是中国人可不这么认为！粉丝和粉片可不能跟面条相提并论，毕竟不算主食。

而在北京，做粉皮剩下的汁儿加热后滤去水分，再沉淀，就又是一道菜——麻豆腐。总之，什么都不浪费。

中文里跟"麻豆"发音差不多的还有"模特"，是从英语"model"音译过来的。大家还联想到了什么？

注意！不是所有中国人吃惯了的、对中国人身体有益的食物都适合俄罗斯人的胃！

注意：麻婆豆腐跟其他四川菜一样，非常辣。

米、面、粥

71

麻婆豆腐

　　当年的那位婆婆肯定很难想象，这么多年后她做的豆腐会闻名世界。这也得益于亚洲菜越来越受欢迎。素食主义者也非常喜欢豆腐，主要因为其营养成分跟肉类相似。麻婆豆腐是一道比较简单的菜，也很容易做。由于口味丰富，色彩艳丽，它不只在发源地四川非常有名，在全中国乃至海外都享有盛誉。

　　我们需要以下食材：

① 硬豆腐 400 克

② 牛肉馅 100 克

③ 干辣椒 2 到 3 根

④ 鲜辣椒 3 根

⑤ 花椒 1 汤匙

⑥ 姜 30 到 40 克

⑦ 发酵黑豆豉 1 汤匙

⑧ 辣豆豉 2 汤匙

⑨ 小葱

⑩ 米醋 1 茶匙

⑪ 植物油

⑫ 盐少许

⑬ 糖半茶匙

第 *1* 步：

把豆腐切成边长为 2 厘米的小方块。

第 *2* 步：

锅中将水煮开，添加少许盐及 1 茶匙米醋，豆腐过水，这样可以去除豆腥味。

第 *3* 步：

大火热锅，放植物油。

第 *4* 步：

将花椒及干辣椒放入热油中直到油变成金黄色。

第 **5** 步：

炸过的辣椒放到案板上，剁碎。

第 **6** 步：

再次大火热锅，加油。

第 **7** 部：

把牛肉馅放入锅中，翻炒到熟。

第 **8** 步：

肉馅炒熟后添加 2 汤匙辣豆豉，搅拌均匀。

第 **9** 步：

再添加剁碎的姜末和辣椒末，继续搅拌。

第 **10** 步：

添加 1 汤匙发酵黑豆豉和 1.5 到 2 汤匙辣椒末（就是我们之前用油炸过并剁碎的辣椒）。

第 **11** 步：

添加 50 毫升水，搅拌酱汁。

第 **12** 步：添加少许盐，半茶匙糖，继续快速搅拌。

第 **13** 步：

豆腐入锅，搅拌，转小火再加热 3 分钟。

第 **14** 步：

勾芡(1 汤匙玉米淀粉加 70 毫升水)。芡汁要分 2 到 3 次慢慢倒入，每次倒入时都要好好搅拌。

第 **15** 步：

芡汁变稠之后关火，出锅上菜，可撒葱花。

还有……

从萝卜到香蕉

　　我们习惯性地认为中国人很会栽培蔬菜，而中华民族是一个吃蔬菜很猛的民族。事实也确实如此。但不仅如此：中国人饮食中谷类是基础，然后是肉菜和豆腐，而蔬菜是重要的维生素来源。在中国，人们很少吃生的菜。只有在"甜点时间"，可能会给您上一盘糖拌西红柿。

　　基本上所有的菜都要炒或者过水烫一下。这可能也是中国菜卫生安全完全达标的秘诀。

　　萝卜是可以生吃的，但要切成萝卜丝并加很多醋。北京人最爱的萝卜品种是外绿里红的心里美。

　　配着当地的烈性白酒吃萝卜丝，真的非常开胃！萝卜用蜂蜜腌制也很好吃。还可以吃煮萝卜。总之，萝卜对身体有益，是个好东西。

　　但要是给中国的蔬菜排个名的话，我会非常肯定地说"中国第一菜"是白菜（或叫"青菜"）。

　　如今白菜在北方人饮食结构中的地位有所下降，但是在 20 世纪 80 年代的北京，只要到了秋天，一排排大白菜会填满所有肉眼可见的空地，甚至居民楼的走廊里也都放着白菜。

　　如今冬天没有那么严寒了，堆放白菜的场面也不见

白菜

了。得益于农业改革，在中国，如今全年都可以买到新鲜的白菜和其他各种各样的蔬菜和水果，价钱也十分合理。

另外，很多菜都会用到西红柿：能搭配米饭，能做饺子馅，还能做汤。

无论南方还是北方的中国人都喜欢茄子，可能是因为口感跟肉相似。推荐您也尝一尝。

还有……

烧茄子

　　烧茄子是一道东北菜。可能是因为东北地区跟俄罗斯接壤，也有可能是因为俄罗斯人熟悉这种食材，总之这道菜在外国人中间非常受欢迎，俄罗斯人也不例外。一般在中国饭店尝过这道菜的俄罗斯人都会说："要问一下菜谱，自己回家做。"

　　烧茄子做起来非常简单，在任何超市里都能买到需要的食材。

　　我们需要以下食材：

① 茄子 2 个
② 西红柿 1 个
③ 菜椒（可用甜椒，爱吃辣的朋友也可以用绿尖椒）1 个
④ 洋葱半个
⑤ 蒜 2 瓣
⑥ 姜 30 到 40 克
⑦ 糖 1 茶匙
⑧ 盐半茶匙
⑨ 酱油 1 汤匙
⑩ 老米醋 1 汤匙
⑪ 玉米淀粉 3 汤匙
⑫ 瓣酱 1 茶匙

除了菜椒和西红柿以外，还可以用其他蔬菜来制作这道菜。可以添加胡萝卜或者蘑菇。

第 **1** 步：

把茄子尾巴去掉，顺着切成四瓣，再切成 3 厘米左右的小段。

第 **2** 步：

茄子放到大碗里，加半茶匙盐，搅拌均匀，放到一边。

第 **3** 步：

菜椒切成长 4 厘米、宽 2 厘米的小片（等菜做好的时候，这个尺寸的菜椒用筷子夹起来比较方便）。

第 **4** 步：

切西红柿，先切成 6 瓣，每瓣再一分为二。

第 **5** 步：

蒜和姜切末，洋葱切成长 3 厘米、宽 2 厘米的大片。

第 **6** 步：

碗中的茄子里添加 1 汤匙面粉，搅拌均匀。等面粉融化后再添加 1 汤匙面粉，搅拌均匀。

第 **7** 步：

大火热锅，倒入大量的油。
首先我们要油炸茄子，所以要倒非常多的油。如果你家里正好有炸

薯条机的话，也可以用上。如果没有，可以直接用圆底锅。

第 **8** 步：

等油足够热了，就把茄子下锅。茄子应该"飘在"油中。可以把茄子分成两份，一次下锅一份。

第 **9** 步：

将茄子炸至金黄色，捞出来放到盘中。可以用食品级厨房用纸沾一下茄子，把多余的油吸走。

第 **10** 步：

再次热锅，添加适量的植物油。

第 **11** 步：

将蒜放入油中，等蒜变成金黄色后添加一勺豆瓣酱，继续搅拌。

第 **12** 步：

切好的洋葱、菜椒、西红柿下锅，搅拌并翻炒 1 到 2 分钟至半熟。这些蔬菜在吃的时候应该是脆的。

第 **13** 步：

茄子下锅，搅拌均匀。

第 **14** 步：

添加 1 汤匙老米醋，1 汤匙酱油，1 茶匙糖，搅拌均匀。

第 **15** 步：

点睛之笔——锅中加入芡汁（1 汤匙玉米淀粉兑 50 到 70 毫升水）。搅拌并等待芡汁凝固。

第 **16** 步：

菜出锅，倒入平底盘。

茄子的"好邻居"是香蕉，它们都是草本植物。您知道香蕉最大的妙处是什么吗？香蕉可以说是我们这些生活在北京的俄罗斯人的救星！如果我们招待来自俄罗斯的同胞，通常当用餐快结束时，一定会有一位客人在吃饱之后说道："现在可以喝杯咖啡，再尝尝当地的甜点了！"这时候只能向他解释，中餐里没有咖啡，很可惜，但也没有甜点这一环节。除了……

对了！来个拔丝香蕉吧！就是用糖浆炒的香蕉。这道菜与其说是好吃，更不如说是好玩！一上菜，香蕉外包着糖浆，而糖浆却是烫的！需要用筷子夹起一块，拉出长长的丝，放入靠近旁边放的那碗凉水，丝才能断掉，然后才可以送入口中。大家都会开心地抢香蕉，每块香蕉都拔起无数条丝，桌子上很快也会铺满棕色的糖丝。很快糖浆一凉，只有把糖块砸开才能再夹起一块香蕉……

俄罗斯人生火烤土豆的习俗并没有在中国生根发芽。但北京冬天在任何大街小巷里都能买到烤红薯（这是一种"甜的土豆"），红薯是放在铁桶里用燃烧的木头烤的。后来，城市里为了提高空气质量，不让人们继续使用这种铁桶了。在这些铁桶旁一边取暖，一边吃烤红薯的人群也随之消失了。取而代之的是办公室一族，他们习惯点外卖。不过，点外卖也能买到烤红薯。

瓜

　　瓜类中，我会首先讲到南瓜，它也是一种天然的容器，可以用来做肉、米饭和其他混合菜肴。瓜类在中国包罗万象：有冬瓜——"冬天的瓜"，因为可以保存到寒冷的天气，储存整个冬天；南瓜——"南方的瓜"，可能是从南方普及起来的；还有黄瓜——"黄色的瓜"，可能是因为在古代，人们会等到黄瓜熟透再采摘，做法可能跟南瓜差不多。"瓜家族"里还有苦瓜——味道并不好吃，但是能促进消化。甜瓜——"甜味的瓜"，其最出名的有哈密瓜，之所以叫"哈密"，是因为它的产地是中国西北部新疆维吾尔自治区哈密地区。西瓜——"西方的瓜"，其命名也是根据地域原则产生的。

　　北京人吃时令西瓜，到了季节，吃瓜让人痴迷。以前八月下旬到九月初，满城的西瓜堆积如山，想吃都吃不完！人们确实也吃到腻了！傍晚时分，随着白天的炎热消退，市民们走出家门，在路灯下切开多汁的西瓜，聊着自己社区的生活。

　　瓜类中还有木瓜。据说，苏联时期，苏联卫生部下属的第四医疗总局是拿小勺子喂病人吃木瓜，这是为了改善病人的消化功能，延长他们的寿命。我可以负责任地说，木瓜对人体确实非常有益。可以将成熟的木瓜纵

**琳琅满目的
海南水果**

向切成两半，去掉里面的籽粒，用勺子挖着吃。在中国，木瓜多生长在南部热带地区的海南岛。

20世纪80年代，在下第一次来到海南岛最南端的三亚小镇时，除了沙滩上的一块大石头（上面刻着这个未来度假胜地的名字）以外，什么都没有。而如今海南是新的"全俄疗养胜地"，2019年有28万俄罗斯同胞到访。

在距离三亚不远的亚龙湾，五星级酒店如雨后春笋般一一冒了出来。在这座城市里，写着俄语的餐馆招牌跟写着中文的一样多。可惜，随着游客的涌入，许多地方餐厅的菜没以前地道了。

但如今岛上有个航天发射场，火箭从这里发射到月球。

储备菜

　　讲完了温暖的南海，再来讲讲蔬菜和块根作物吧。人们通常会把卷心菜、萝卜和其他的一些"芽和根"发酵起来，以备过冬。如今，人们在寒冷季节也能很好地生存下来，但作为佐餐的小菜，这些发酵的蔬菜仍然有它存在的意义。

　　在这些腌制的小菜里，榨菜是相当有名的一个品种。字典里对这种佐餐小菜的解释是"芸薹属，芥菜"。这是一种涂有红辣椒酱的绿色块茎。味道酸酸辣辣的，带有轻微的甜味。

　　我必须坦白：我超爱榨菜。没它我连燕麦粥都吃不下。但榨菜也适合用来煮汤（煮出来的汤和俄式菜汤有些类似）……或者拿来当辣味下酒菜也不错。

　　犹记得许多年前，我们中国人民大学的实习生小团体坐着轮船，沿着大长江航行。轮船有些旧了，一遇到急浪，三层甲板都会吃力地嘎吱作响。三峡附近有个叫"万县"的地方（后来世界上最大的水电站——三峡水电站就建在这里），我们的旧轮船就在此处靠岸了。有人在码头上售卖装在陶罐里、用水泥塞子密封的榨菜。我们没忍住，用几块钱买了相当有分量的一罐。在船舱里，我们把这个土特产的包装拆开，取出一个裹着辣椒粉的块茎，配着啤酒吃。吃完一块，再也吃不下了——太辣了！我们就把榨菜罐留在桌子上，想着明天再拿来当下酒菜。结果，我们半夜里被罐子里传来的奇怪声音吵醒了！原来，有一只轮船上的老鼠盯上了榨菜，爬进了罐子里。在大家的共同努力下，老鼠被赶走了，但榨菜和罐子也只能被我们一起扔掉了。只有四川的老鼠才能吃这么辣的食物！

北京有一家很有名的川菜馆，位于天安门广场附近的胡同里。现如今，这家川菜馆已经消失在了历史的长河中，而在它从前所在的地方，建起了由法国建筑师保罗·安德鲁主持设计的中国国家大剧院。

餐桌上的水煮蔬菜中，菠菜和西兰花很常见。而芽菜（未长出真叶时称芽菜）和苗菜（长出真叶后称苗菜）可能会作为独立的菜品出现。看起来，所有能够发芽抽枝的种子都可以培育出芽菜和苗菜，但比较常见的是豆类、萝卜和芥菜。

地三鲜

地三鲜是一道东北菜，食材都是时令蔬菜——土豆、茄子和菜椒。您肯定会问："为什么管它叫'地'三鲜？"因为做这道菜的食材都是大地赐予的（在地里种的）。地三鲜是一道经典的东北家常菜。

我们需要以下食材：

① 茄子 2 个　　　　　　　⑦ 酱油 3 汤匙
② 土豆 2 个　　　　　　　⑧ 米醋 2 汤匙
③ 菜椒 2 个　　　　　　　⑨ 糖 1 茶匙
④ 小葱（上菜时用作点缀）　⑩ 盐
⑤ 姜 30 到 40 克　　　　　⑪ 玉米淀粉
⑥ 蒜 3 到 4 瓣

还有……

第 **1** 步：

土豆切片，切成方便用筷子夹起的尺寸。

第 **2** 步：

大火热锅，倒入大量的植物油。就比往炸薯条机里倒的油稍微少一点点，但比我们平时做油炸食品时用到的量多一点。油要没过土豆片。

第 **3** 步：

将土豆用油炸至金黄色。捞出放到盘中，可以拿食品级厨房用纸沾一下，吸取多余的油。

第 **4** 步：

茄子切成大块。我们是先顺着切成四瓣，再切成 3 到 4 厘米长的段。

第 **5** 步：

大火热锅，倒入植物油。将茄子放入锅中，把大火调成中火。中国的大厨会说"茄子要滚上油"，也就是说要让油跟菜的每一面都接触上，这样菜会熟得更快，也炸得更均匀。搅拌茄子，炸至金黄色。用漏勺捞出茄子（为了让多余的油流掉），放入盘中。可以拿食品级厨房用纸沾一下，吸取多余的油。

第 **6** 步：

以同样的方式炸菜椒。先切成边长 3 厘米左右的大片，然后把切好的菜椒放入热油中，炸熟后放入盘中。

第 **7** 步：

再次热锅，添加适量的植物油，炸蒜末和姜末。加入酱油和米醋，1 茶匙糖，继续搅拌。

第 **8** 步：

等锅中酱汁冒泡翻滚后，把"三鲜（茄子、土豆和菜椒）"加入锅中。翻炒蔬菜，使蔬菜吸收酱汁。

第 **9** 步：

点睛之笔——勾芡（70 毫升水兑 1 汤匙玉米淀粉），这样可以让菜的汤汁更加浓稠。慢慢将芡汁加入锅中，过程中要记得搅拌。

第 **10** 步：

菜做好了。上菜前可以撒一点葱末。

其他的芽和根

中国称兰、梅、竹、菊为"四君子"。竹子在这里代表了一种传统的中国品质——柔韧与坚强并存。而且，竹子的品质还不止这些。

如果您到了北京，可以去看看位于长安街上的中国银行总行办公大楼。这栋楼是美籍华人建筑师贝聿铭设计的（公元 1917 年至公元 2019 年，作品有法国巴黎卢浮宫金字塔等著名建筑）。楼内，建筑师在一个有限的空间里创造出天朝帝国的形象，有山有水。而在这片风景的两边，种植着货真价实的竹林。

竹子，象征着夏天，承载着强大的阳气。

在古代，人们用竹子来驱邪：把竹筒扔进火里，发出噼里啪啦的响声，可以吓跑恶魔。鞭炮就是这样被发明出来的。

自古以来，竹林一直起着"避难所"的作用，专门保护那些不同于流俗、有着不同思想和派别的人。在这个热爱自由的群体中，最杰出的代表是"竹林七贤"，由哲学家、作家和音乐家组成的这七人是当时玄学的代表人物，他们早在公元 3 世纪时，就在茂密的绿色竹叶下避世退隐了。

中国艺术家如此频繁地描绘竹子，想必把古往今来全国长出来的所有竹子加在一起，都没有画家画出来的多吧。作为绘画中的客体，松、竹、梅被称作"岁寒三友"；而作为诗歌中的意象，"三友"是指琴、酒、诗[1]，也就是对于君子来说可以代替朋友陪伴的东西。

除了传说中的圣人，竹林里还住着被称为"竹熊"的大熊猫，之所以有着"竹熊"的别称，是因为它们对竹笋和竹叶非常热爱。

中国人很乐意吃竹子，或者更确切地说，他们爱的是竹笋。尚未长出地表的笋叫"冬笋"——冬天的竹笋，已经发芽并立即开始生长的叫"春笋"——春天的竹笋。竹笋可以以晒干和浸泡的形式储存。诗人及烹饪专家苏东坡写道："可使食无肉，不可居无竹。无肉令人瘦，无竹令人俗。"

前面说到的圣人隐退到竹林绝非偶然：中国人认为这种植物具有刺激大脑活动的神奇特性。

巨型竹种"毛笋"是世界上生长最快的植物之一。如果条件适宜，它的茎每天可以长出 1 米，而总高度可以达到 28 米。毛笋的拉丁文学名叫"Phyllostachys edulis Moso"，其中 edulis 一词是"可食用"的意思。

莲花是神圣的花朵。在香港，可以看到一尊青铜大佛坐在莲花宝座上。在北京，可以去颐和园（从前是皇

1　编者注：白居易在《北窗三友》一诗中云："欣然得三友，三友皆为谁？琴罢辄举酒，酒罢辄吟诗。"

还有……

帝的夏宫）欣赏荷花。在第二次鸦片战争（公元1856年至公元1860年）期间被英法联军摧毁和掠夺的圆明园里，最近种植了莲花。这些莲花是用在圆明园地底埋了上百年的莲子培育出来的，也许这些莲子被欧洲士兵的靴子踩在地上后，就一直埋藏在此。也是在那时，十二生肖的"水力钟"被破坏了，这个钟的装饰是十二兽首，能够严格按时喷水。"水力钟"虽说是中国风格，但其实

颐和园的
莲花

是一位法国大师[1]设计并监造的。现在，中国一直在努力让文物回家。

圆明园是仿照欧洲的宫殿和公园建造的，而同时期的欧洲却在效仿被称作"文人国度"的中原帝国。原因很简单：在欧洲专制主义衰落之际，人们迫切需要一种理想的君主制模式，在这种模式下，统治者明智地管理着臣民。当时，"中国风"在欧洲的艺术领域里风头正劲。后来，资产阶级最终胜利，使开明君主制的理想成了无关紧要的东西，圆明园就在此时被入侵的帝国主义列强摧毁了。

在古代欧洲和俄罗斯的饮食文化中，除了对茶的热爱以外，是否还有其他的中国元素呢？一时间，我能想到的只有橙子——这是一种被我们称作"中国苹果"的水果。不过，我十几岁时参观过腓特烈大帝的波茨坦无忧宫，那里有间中国茶室，里面摆放的是正在用餐的镀金"中国人"。欧洲人学会彩瓷工艺之前，一直都在大量进口中国的器皿。

人们通常用莲藕做甜味的菜。其中有一道菜，是把中间带有许多孔洞的莲藕洞里塞满糯米，蒸熟后再切成片。这道菜的外观很像自制的香肠，可以衬托其他菜肴，也可以缓解其他菜品的辣味。不同的菜品要口味互补才

1　编者注：此处指的是蒋友仁（P. Benoist Michel），字德翊，原名伯努瓦·米歇尔，1715 年 10 月 8 日出生于法国欧坦，1774 年 10 月 23 日逝世。法国耶稣会士、法国传教士，天文学、地理学、建筑学家。

格外美味，比如甜味和辣味就很相得益彰。正宗的川菜馆（例如成都的老四川餐厅），在上菜时就会遵循这个原则。先端上放了很多红辣椒的宫保鸡丁，然后马上送来糖蜜饺子。

用蜂蜜和醋腌制的莲藕很好吃，从莲蓬中提取的莲子也可食用。至于莲花怎么吃，我就不知道了，没吃过。

三宝

　　你们可以猜猜，中国人管什么东西叫"三宝"？无论是在烹饪领域，还是在生活中，"三宝"的名号都适用。

　　答案就是葱、姜、蒜。无论是生吃，还是做成菜，这三种食材都有刺激作用。

　　有时候，我会在夜里从我们辽阔祖国的上空飞过，飞啊……飞……下面一片漆黑，偶尔闪过一抹光，是伊尔库茨克；又有光点一闪而过，是鄂木斯克……然后又是无边无际的黑。而如果你坐在从北京到莫斯科的火车上，从车窗里向外眺望远方的风景时，肯定会听到站在旁边的中国人聊道："在俄罗斯，空旷的土地也太多了……"你试图委婉地解释说，这不是一片空旷的土地，这是我们的大自然，或者说是"空间"。然而无论你怎么解释，中国人还是很难理解这一点，这就好比向地球人兜售"宇宙无边无际"的理念一样。

　　有一种观点说，葱、姜和蒜里的某些物质会进入到血液中，从而清除有害杆菌。在中国，就连城市居民都经常在阳台上种葱，更不用说乡村居民了。

　　葱是许多菜肴中的风味成分。同时，我们比较熟悉的圆葱，在这里被称作"洋葱"，意思是"来自海外的葱"。

中国人口中的"葱"，指的是小葱、大葱，这是一种细长空心的植物，铆足了劲让自己的茎秆抽得更长。

近些年才在俄罗斯出现的生姜，至今仍被认为是罕见的菜品，是在亚洲菜中才会出现的食材。而对于中国人来说，生姜在购物篮里占有非常重要的地位。"冬吃萝卜夏吃姜，不用医生开药方。"任何一个北京老人都会告诉你这句话。可以把姜放进菜里，可以把它制成改善健康状况的混合冲剂，还可以把它做成药茶。它和大蒜一样，具有抗病毒的功效。

毫无疑问，大蒜很美味，但是味儿也很大。这么一想的话，居家办公好像也有点好处？想吃什么就吃什么。一些中国人建议用喝牛奶的方式消除嘴里的大蒜味。冬天，人们会把大蒜和生姜放在一起发酵、腌制，而在中国北方，人们还会做糖蒜。

可以做个实验，把我们祖国俄罗斯的所有荒地都种上葱、姜、蒜。如果十年后人口不增加，我就把书里的这一页干啃掉。

切碎的蒜

葱爆牛肉

葱爆牛肉是华东地区山东省的传统菜肴。从菜名就能猜出它的主要食材：牛肉和大葱。

对了，中国菜里常见的大葱不仅有滋补、抗菌的功效，还能帮助人们更好地吸收油腻的食物，甚至可以补充人的阳气。因此，快去买点大葱吧。

我们需要以下食材：

① 牛腱 300 克
② 大葱 3 到 4 根（仅用葱白）
③ 蒜 3 瓣
④ 姜 30 克
⑤ 酱油 1 汤匙
⑥ 蚝油 3 汤匙

⑦ 米酒 2 汤匙
⑧ 鸡蛋 1 个
⑨ 盐 1 小茶匙
⑩ 混合辣椒面 1 茶匙
⑪ 玉米淀粉 1.5 汤匙
⑫ 甜面酱 1 茶匙

第 **1** 步：

把牛肉切成 3 到 4 毫米厚的肉片，放到大碗中，用开水烫一下。把水倒掉，把肉中的水"挤干"，放回大碗中。

第 **2** 步：

加半茶匙盐，半茶匙混合辣椒面，1 汤匙酱油。搅拌均匀，等肉入味。

第 **3** 步：

肉中添加蛋清，搅拌均匀。

第 **4** 步：

肉中添加 1 汤匙玉米淀粉，搅拌均匀。

第 **5** 步：

肉中添加 2 汤匙植物油，搅拌均匀。然后将肉放到一边。

第 **6** 步：

蒜和姜切片。把大葱切成长 3 厘米左右的葱段。

第 **7** 步：

在大碗中混合 3 汤匙蚝油、2 汤匙米酒、半茶匙盐、半茶匙混合辣椒面、1 茶匙玉米淀粉，搅拌均匀。

第 **8** 步：

大火热锅，添加大量的植物油（别不舍得倒）。

第 **9** 步：

放肉下锅，快速搅拌翻炒，直到熟透。然后把肉盛出来，放入盘中。把锅中多余的油倒掉。

第 **10** 步：

再次热锅，倒入少许植物油，炒蒜和姜，再加 1 茶匙甜面酱，搅拌均匀。有些饭店还会往这道菜里加辣椒（或者菜椒）。如果想加，就在加了蒜和姜之后，立刻把辣椒或菜椒放入锅中，之后再放甜面酱。

第 **11** 步：

把肉放入锅中，搅拌翻炒。20 到 30 秒后再加大葱，继续翻炒。

第 **12** 步：

等到大葱变软后，添加混合酱汁。快速搅拌，大火翻炒 20 到 30 秒。关火，把肉放到平底盘中，然后就可以上菜了。

海产品和水产品

海蜇和海参

　　中国沿海地区以海鲜出名。在当地居民的饮食中，海鲜几乎完全代替了肉。我想这一消息并没有让您觉得有多惊讶。有一个特殊的词汇"海味"，虽然听起来有点像"high way（高速公路）"的发音，但指的可不是高速路，而是用海鱼、食用贝类、螃蟹等海产品所做的菜肴。这其中也包括海参和鲍鱼，各种大小的虾（从大虾到磷虾）、扇贝、舌鳎鱼、海蜇。新鲜的海味更好吃，但消费者买到的一般都是风干的。

　　不要嫌弃海蜇！可能看起来让人不怎么有食欲，但这是一道很棒的开胃凉菜！海蜇对身体很有好处，中国营养学家推荐较瘦的女人吃它。不那么瘦的人也喜欢吃海蜇，配着啤酒吃真的绝了。有一件事是绝对可以确定的——要买就买海蜇头。海蜇皮要咀嚼很久才能烂，可海蜇头不一样，它非常鲜脆。吃海蜇的时候一般要拌点米醋。

　　对于海参的介绍想必已经是"烂大街"了——无论是谁，只要他不懒，肯定都写过跟海参有关的文章。符拉迪沃斯托克过去的中文名叫"海参崴"，充分证明了海参有多么受欢迎。几十年前，人人都买得起海参，但

水煮龙虾

在这些年里海参价格直线飙升。俄罗斯螃蟹的命运和中国海参的命运有异曲同工之妙：在 20 世纪 50 年代的苏联，远东出产的蟹罐头没人买，只好报废；之后人们还要想方设法地销毁这些废品。为了给蟹罐头打广告，人们贴出一些宣传海报，上面印着脸色红润的美女和宣传标语——"是时候让大家尝尝美味又鲜嫩的螃蟹了"。广告是打了，不过一点用也没有。

　　在中国的一些边远地区也有这种现象。不过，随着改革开放时代的到来，大家慢慢尝到了海参的鲜，过节

海味

时餐桌上也常会有海参出现，所以请大家不要拒绝这种美味。如果您不具备烹饪海参的技能，最好不要尝试自己做。首先，清洗和浸泡干海参是一种折磨。其次，像鱿鱼、墨鱼、章鱼一样，海参也是很容易煮过头的，一旦煮得太久，海参的口感会变得像橡胶一样。

可以用小螃蟹制作美味的汤。

干海鲜在中国市场上很受欢迎，不过卖干海鲜的地方可能不是很好闻，不是人人都能接受。

也可以吃

也算食物哦

　　无论是谁，只要曾经在中国机场或者火车站等待过，一定会非常熟悉一类特殊的中国食物——零食。在俄罗斯，这一类食物早在20世纪90年代就被海外的各种巧克力棒等食品所取代了。虽然当时这种西方零食很流行，到处都是广告，但其实对健康无益。而在那之前，各种苏联的卫生防疫部门也都会格外关注可疑的瓜子和果干。

　　在中国，零食并没有消失，且基本都被归类为土产，在各地的土特产商店里出售。旅游和出差的人常常会买。

　　中国零食的种类很多，包括杏干、蜜饯、果脯、瓜子（葵花籽、南瓜子、西瓜子）、各种各样的坚果、果干、蔬菜干（一般是辣的）、虾片、干鱿鱼、牛肉干、猪肉干。

　　在北戴河（渤海边上的一座疗养城市），我吃过一次养殖鲨鱼干。这不是那种大鲨鱼，而是小小的，跟我们的石斑鱼差不多大。事实证明，拿凶猛的生物来下酒也是不错的选择！传说中鲨鱼肉有毒，但在我这儿并没有得到证实。最重要是，要多多加盐，让它好好风干。

　　可是你们千万别招惹老鲨鱼，尤其是"拿笔的鲨鱼"[1]，否则后果自负！

1　编者注：俄罗斯人把言辞犀利、非常厉害的记者叫作"拿笔的鲨鱼"。

可能你们会好奇，在中国有没有人吃日本料理中最著名的河豚。20世纪90年代末，我到中国台湾省出差的时候，跟当地的同行记者一起尝了一下这种四齿鲀科鱼类的代表。但我们是在好友聚餐进行到尾声的时候才点的河豚，并没有留下特别深刻的印象。

比零食地位高一点的是小吃。首先，小吃中包含各种烧饼——肉饼、葱油饼等等。所有类似形状的食物都可以叫"饼"。无论中国人还是外国人，特别是所有国家的大学生，都最钟爱天津的煎饼果子。一般是这样：路边停一辆放着炉灶的小车，用一点面团和鸡蛋现场烙饼。在薄薄的透着光的鸡蛋饼上放一张薄脆（油炸的面片），撒点小葱，涂抹上成分未知的棕色酱（应该是辣味豆瓣酱），然后把饼折成小信封的形状。在大饼的制作过程中，我保证您至少会咽三次口水。

至于我们熟知的"котлеты"，就是中国人的"肉饼"。

点心之物

　　还有一类食物——点心。在粤语里，点心的发音是
"dim sam"，通常被定义为糕点或者茶点。但有时候看
看这些糕点、茶点布满全桌，占的地方可不止一点点，
好像又和我们认知中的"甜点"不太一样。总之，这是
一种中式早餐。

　　"点心"可以翻译成"触动心灵"。相传东晋时期（公
元 317 年到公元 420 年）有一位大将军，他痛心地见到
战士们日夜血战沙场，英勇杀敌，屡建战功，甚为感动，
随即命令当地的居民烘制民间喜爱的美味糕饼，派人送
往前线，慰劳将士，以表"点点心意"。自此以后，"点
心"的名字便传开了，一直延用到现在。

　　"点心"包括以下几个种类：包、饺、糕、团、卷、
饼和酥。其实就是各种大小不一的面点，有的带馅儿，
有的不带馅儿，可以用面粉做，也可以用米做，味道一
般都带点甜。还要加上从西方传过来的大蛋糕和小蛋糕
（西方流传过来的糕点，前面加了个"蛋"字，这样肯
定不会混淆）。"团"就是米团，也是有的带馅儿，有
的不带馅儿。有时候团子的外面还包着芦苇叶。

　　"卷"可大可小，可带馅儿，也可不带。中餐爱好者应该都吃过春卷——在我们的认知中，这是一种"春天的小饼"。在中国南方人的口中，这种食物不叫"饼"，而叫"卷"。

说到"饼"，我想大家已经猜到，这就是我们之前提到过的饼。在中餐里，饼的地位不太固定，但是在生活中，饼其实经常充当主食，很多中国人午饭会吃热量挺高的肉饼，河北省香河县的肉饼尤其出名。

最后一种点心就是"酥"，这是用猪油或牛油做成的一种点心。

茶文化

坐着喝杯茶

　　按道理来说，这本书主要是讲烹饪，茶的话题应该要到快结尾的时候才提。但中国人什么都反着来，中国古代的书是倒着往前翻，文章是从右往左写（而且是从上往下写——这样用毛笔写字更方便）。一些比较讲究的店，还铭记着祖训——茶在饭前上。所以啊，在聊那一道道中国菜之前，我们先早早地来聊一聊"茶"这张中国在世界的名片。

　　没错，在中国，人们喝茶比喝饮料多。中国人要么夏天喝茶解渴，要么天冷了喝茶暖身。茶既是中国历史文化的组成部分，也是对外贸易的重要环节，而且从某种程度上来说，还是一种对外交流的工具。茶能够让人放松、转移注意力，也能让人集中注意力。饮茶是一种建立和保持社会交往的方式。中国叙事文学中的主人公都是将茶汤均分到各个茶碗中，保证了茶席上人人平等。在中国，无论是官员，还是画家、战士、僧侣、普通老百姓都爱喝茶。而对我们外国人来说，茶是中国整体形象的一部分。所以，此时此刻，我们不妨把自己想象成那个衣着宽松，坐在自己家品茗的中国人。

　　现如今，世界各地对茶的称呼都源于茶的汉语发音，

茶艺表演

要么是按中国北方"茶"的发音"cha"，要么是按中国南方"茶"的发音"te"。只有在波兰语中，茶被称为"herbata"，这个词来源于拉丁语中的"herba（药草）"，强调了茶的药用价值。

中国的茶起源于西南地区，这里的山区保留了大片古茶树区。云南省居民和宣传手册都表明，这里的古茶树已有上千年的历史。云南还生产一种古老的茶叶品种——普洱。

总的来说，所有茶叶都来自于同一种植物，加工工

艺不同，才产生了不同的茶叶类型。绿茶指的是（未经发酵）快速干燥的茶；乌龙茶指的是不完全发酵的茶，也就是轻微发酵的茶；红茶指的是全发酵茶，在俄语中译为"黑茶"。但中国人通常将普洱称为黑茶，这是一种后发酵的茶。黑茶的存放时间要多长有多长，和葡萄酒一样，越陈越香。至少，理论上来说，是这么回事。

　　中国各地产的茶不同，喝的茶自然也就不同。台湾省大部分人都喜欢喝乌龙茶，其中，最著名的要属铁观音。观音指的是中国版的观世音菩萨。浙江省生产龙井

茶叶干燥
过程

茶，这是一种著名的绿茶，茶名翻译过来是"有龙的井"，因为西湖边上有一口井，井底有一条舞动的龙。

我去过那儿，看到过那条龙。舞着呢。

绿茶是中国最受欢迎的茶。

但中国还有红茶，也就是我们俄语里所说的"黑茶"。的确，最好还是叫它"红茶"。只要看一眼滇红这个红茶品种，就能明白，为什么它叫红茶，因为它实际上是棕红色的。

中国红茶与俄罗斯人熟悉的印度红茶和锡兰红茶相比，保留着自己独特的功效。印度和斯里兰卡的茶需要经过充分的热处理，因此炒得有点过了。

俄罗斯茶

　　您可能会问，为什么俄罗斯或者英国历来进口红茶？这和茶叶贸易的特点有关。无论是将茶叶运往俄罗斯，还是通过海运将茶叶运往英国，商队在茶叶运输过程中，红茶是最好存放的。而出于交通方便的考虑，运往俄罗斯的茶通常是砖茶。如果不算上与中国相邻的民族，俄罗斯人和英国人是中国海外最大的茶叶爱好者。

　　19世纪俄罗斯商人在与中国的茶贸易中长期占据主导地位，甚至在欧洲，一些来自中国的茶也被称为"俄国茶"。万里茶道的中心起源于长江，也就是当时的汉口，后来汉口归大都市武汉管辖。汉口有一座19世纪修建的东正教教堂，现在修复得很好，已经成为一座博物馆。万里茶道的终点是俄罗斯的众多茶商行和茶馆，这些会馆、茶馆在俄罗斯的受欢迎程度丝毫不亚于在中国的受欢迎程度。那个时期的标志性建筑便是莫斯科米亚斯尼茨基大街上的茶楼，"米亚斯尼茨基"在俄语中来源于"肉"这个单词，所以可以看出，这条街的名字和食物有着千丝万缕的关系。这栋茶楼的建筑风格和中国的关系，就像歌剧《图兰朵》采用了江苏民歌《茉莉花》的旋律一样。对莫斯科人来说，这座茶楼是他们小时候所熟悉的中国的形象和味道。

米亚斯尼茨基大街上这座茶楼的起源和 1896 年到访莫斯科的一位中国高官有关，他就是实际掌管清朝外交大权的李鸿章（公元 1823 年至公元 1901 年）。有人很惊讶，这么一座与众不同的房子为什么没有改建，一直保存至今？中国人什么都爱用数字来解释，这不，这家店位于这条街的 19 号，按照中国数字占卦的说法，19 意味着长长久久。

俄罗斯的茶贸易和茶文化自十月革命后开始衰落。后来虽然茶叶的数量上来了，但质量又赶不上了。

喝什么茶呢？

　　这得看个人习惯了。一向讲究规矩的中国人一般是夏天喝绿茶，冬天喝热红茶。而且，中国人的茶里不加奶也不加糖。因为在他们看来，茶应当保持原汁原味，不该破坏它本身的色泽与营养。

　　但茶是茶，生意是生意。买茶的时候还是能看到各种各样的茶的名字和商标，因为中国按照茶产地对茶的品种有明确的分类。

　　建议大家喝没有香味的茶，这些茶对我们的身体健康更加有益。如果喝带香味的茶，最好喝茉莉花茶，因为茉莉花的香味是天然的。还有就是建议大家要注意茶的生产日期。

　　绿茶的保质期是 10 个月，乌龙茶是一年，红茶最多能保存一年半到两年，只有普洱茶能长期保存。而且，普洱茶具有清洁血液、排除体内毒素的功效（产品说明书上是这么写的）。还有，趁爱讲规矩的中国人没听见，我再和诸位偷偷说一句：普洱茶和牛奶搭配在一起，简直绝了。至于其他的嘛，就看个人口味了。

　　泡茶没有什么特别的秘诀，除了绿茶要用冷却至80度的开水冲泡以外，其他茶都用沸水冲泡。茶叶冲泡30

宜兴紫砂壶

到 40 秒后，尤其是绿茶，会分解出多种有益物质，这时候茶艺师便会将茶汤均分到品茗杯中。各种茶叶都可以冲泡多次，但不能泡隔夜茶。不过据说，普洱茶可以隔夜冲泡。对此，我就不做评论了。好的普洱茶能泡 8 到 10 泡。不要妄图用绿茶冲泡出较深的茶色，不管你怎样泡，它的颜色都会是淡淡的，除非您想未来几天都失眠。也不要抱怨泡出来的普洱茶和笤帚一个味道，它就该是这个味，毕竟普洱茶的好处可不在于它的味道。

如果您喜欢用茶壶煮茶，请给自己选一把宜兴紫砂壶。买的时候注意看看，茶壶内外是不是一个颜色。颜色内外应是一样的，不然它就是个装饰品，经不起用。我以前就买过一把老茶壶，后来才发现壶盖裂开了。茶壶的前主人没能把它粘住，我就把它交给了一个师傅去修复，结果师傅仔仔细细地用铜扣把两片壶盖固定在一起。你们能想象吗？这样的能工巧匠，现在可难找了。

宜兴紫砂壶可以用沸水淋泡，但千万不要用洗洁精清洗！

只有俄语里有"双茶壶沏茶"这种说法，它指的是用一个茶壶煮茶，用另一个大一点的茶壶里的沸水将杯子里沏好的浓茶稀释。俄罗斯的小茶馆小饭馆过去都这么泡茶，因为沏一次茶用的茶叶太贵了，而喝茶的时间有可能会很长。后来，人们在家里也都改用这种"双茶壶沏茶"的方式了。

中国人可不会干稀释茶的事情。

新鲜的绿茶比任何一种咖啡的醒酒效果都要好，但不是特别必要的话，建议还是不要采取这种方式，因为两种高强度的提神物质叠加在一起，会给心脏带来很大负担。

对中国的茶艺师而言，茶杯的握法并没有那么重要。可以边品茗边聊天，玩游戏、赏茶艺。但这里面也有自己的一套规则和传统。比如，茶艺师看似随意地将第一泡茶倒在招财神兽"三足蟾"上，这实际上也可以算一种祭祀行为。

茶艺师会根据不同的茶叶品种选用不同的茶器。总之，有一套规则在。如果说日本的茶道大师是在强调这些规则，那么中国的茶艺师们就是在尽力隐藏；日本的茶道大师是在举行宗教仪式，那中国的茶艺师便是在创作。

有一种说法是，日本的茶道是9世纪初由佛教天台宗从中国带到了日本。日本的饮茶带有浓厚的宗教仪式的烙印。中国的茶最初也和佛教有着千丝万缕的联系，但后来也逐渐摆脱了教规，走向了民间。

遗憾的是，茶已被蜂拥而至的海外冷饮品牌远远甩在背后。的确，现如今北京又兴起了一批茶馆，却已不再是老舍先生笔下当时那些反映民生百态的茶馆了。

位于北京天安门广场后面的老舍茶馆试图还原传统茶楼的氛围，但无论是耍杂耍的、变戏法的还是说相声的大师，他们的表演更多在于吸引外国游客。老舍本人把北京普通老百姓的日常生活描绘得如此生动，他恐怕不见得会同意这种商业化的经营方式吧？

我最爱看炎热的中午北京人在鼓楼旁的某条胡同里捧着玻璃杯，慢悠悠地喝着热茶。鼓楼里真的有一口大鼓，每隔两小时（一个时辰），会被有规律地敲响。

若是敲完了那三更鼓……按照中国古代小说的说法，便是贼出没的时候了，也就是夜里11点到凌晨1点。而到了四更天，也就是凌晨1点到3点的时候，贼就更猖

北京钟楼和
鼓楼

狂了！这个时候，你们再跑去那黑乎乎一片的钟鼓楼旁，钻进那黑灯瞎火的胡同里试试……

我开玩笑的。这个点大家都睡了。遗憾的是，饭馆也关门了。

茶铺里的人可能会向您推荐苦丁棒，这是一种很健康的饮品，肾病患者宜多饮用。煮的时候用一根就够了。不过，可不要以为苦丁就是真正的茶，不是的，它其实是一种菊科植物。但是苦茶（Camellia assamica var. kucha）可以算作茶类，也有助于消化。

其他那些通过化学方式变香的茶是不能喝的，毕竟我们要对自己的健康负责，让我们为健康干杯！

节日

节日宴

中国人的节日必定离不开宴席（其他民族的节日不也是这样吗？），春节（即中国农历新年）时的宴席尤其丰盛。

春节快到时，家家户户都要提前为春节的到来做好准备。春节前夕，通常会在大门的左右两侧贴上对联。而门上则要贴上"福"字，"福"字还要在房间一定的位置倒着贴，寓意"福到了"。

不仅如此，在腊月二十三的小年夜，人们还有祭祀灶神的习俗。据说，这个"小密探"会将屋主一家的所有善行或恶行全都记录在案，并在新的一年到来之际将其一一汇报给玉皇大帝，让玉皇大帝据此定赏罚。农村人认为，给灶王爷的嘴巴上涂满黏黏的糖汁或蜂蜜，这样他就张不开嘴了，到天宫汇报时说不出话，便只能咕哝着"好……好……好"，也算是在玉帝面前为自己说好话了。在中国农村地区，至今仍保留着给灶王爷供奉灶糖的习俗。

大扫除也是迎新年的重要环节，扫除一年的霉气，辞旧迎新。我建议你在做中国菜之前也来个大扫除。兴许你会找到去年丢失的耳环，说不定还能发现丈夫的小

泡菜饺子。
很是新奇!

金库呢。同时，你会惊讶于角落里那些无用的陈年旧物早已堆积如山。想当初，这些可都是本着"绝不要在不经意间丢掉幸福"的原则才攒下来的啊。

　　接下来，全家人要围坐在一起包饺子。过年包饺子定是多多益善，而且要全部摆放在一起。饺子的形状酷似古时候的银元宝，寓意"招财进宝"，全家一起包饺子的美好寓意也正是由此而来：全家一起发大财。

饺子品种很多，不止一百个

中国人虽然承认中国饺子与西伯利亚饺子的亲缘关系，但却并不打算将饺子的发明权拱手让给任何人。为了证明饺子是中国人发明的，他们甚至搬出了古代文献。文献中使用的是饺子的旧称——娇耳，还记载了它的另一个谐音名称——"角儿"，重音在第一个字上。

为了强调在饺子发明上的优先权，中国最大的搜索引擎在其百科网页中写道："（饺子）适宜人群——男女老少，中外各人。"

没错，我们老外确实爱吃饺子。并且，随便找一个生活在中国的俄罗斯人，让他说出他最喜欢的三道中国菜，那么饺子必定是其中之一。

据史书记载，饺子是由医圣张仲景（约公元150年至约公元215年）首先发明的。张仲景是南阳人，生活在东汉时期，他称赞饺子是灵丹妙药。据说，他发明的"祛寒娇耳汤"曾治好了无数贫苦百姓的耳朵冻疮。

关于饺子的保健功效，中国还流传着这样一句俗语："好吃不过饺子，舒服不过倒着"，可谓一语中的。

饺子的馅料多种多样，有肉馅的（猪肉、羊肉、牛肉、鸡肉、鸭肉、鹅肉）、菜馅的、玉米馅的、鱼肉馅的，还有海鲜馅的。肉馅常常与西红柿、白菜、青菜和鸡蛋搭配在一起。

从这个意义上来说，饺子就是"自在之物"[1]：除非你咬一口，否则你永远不知道里面会是什么。

饺子可煮，可炸，可蒸，可烤。

此外，由于食用时间和烹饪方法的不同，既可以把饺子当作主食，又可以当作小吃，还可以让它充当搭配早茶的点心。

天津有家饺子馆叫"百饺园"，"百饺"就是"一百种饺子"的意思。那里的饺子2两（100克）起卖。

注意：别试图把所有味道的饺子都尝一遍，这种心态很危险。

胡同里的老百姓爱吃锅贴（一种煎烙的面食，形状类似饺子）。馄饨也很受欢迎，馄饨又叫猫耳朵、猫耳饺子。馄饨通常放在肉汤里，如在面条汤中加入馄饨，可以令面汤更加浓郁鲜香。

如若不深究的话，其实包子和饺子也颇为相近，它们经常被归为一类，可以说都属于饺子家族。

---

1 编者注：德国古典哲学家康德提出的一个哲学基本概念，它指认识之外的，又绝对不可认识的存在之物。

聊聊包子

　　如果给面食家族列个宗谱，那么包子是由馒头演变而来的。馒头是一种用小麦面粉或其他面粉蒸成的面点，是中国传统面食之一。馒头的个头一般都比较大，自然需要比较长的时间来消化。这既是它的缺点，也是它的优点：大清早往肚子里塞个大馒头，直到中午都不用担心会饿了。

　　往馒头里放上馅儿，就变成了包子。小包子又叫小笼包，在江浙一带则习惯把它叫作小笼馒头。

　　在孔子时代，现代的小笼包还未成型。我们现在吃的这种小笼包直到 19 世纪中叶的清朝时期才最终形成。

　　那么蒸小笼包用的竹蒸笼最早是在什么时候出现的呢？相传在东汉年间（公元 25 年到公元 220 年），一位将军在行军时看到他的兵士们都在各自蒸馒头，蒸汽四起，他先是以父亲般的口吻将他们大骂一通，继而下令将这些馒头都放置于竹筐上，层层叠放，这样即可避免升腾而上的蒸汽暴露军营的位置。正所谓无心插柳柳成荫，谁承想，这位将军在军事上的严格要求却促进了烹饪技术的进步。

　　10 个包子为一笼的严格规定则始于北宋（公元 960

烧麦——"敞开心房"的包子

年到公元 1127 年）时期的开封。这恐怕也是哪位将军要求的吧，真是像极了军事单位的划分。

遍布全中国的小笼包有各种各样不同的馅儿，有肉馅的、虾仁馅的，还有糖馅的。北京鼎泰丰连锁餐厅供应的小笼包还有巧克力馅和马苏里拉奶酪馅的，用 58 度金门高粱酒冲下肚再合适不过了。

如果小笼包的顶端不封口，就变成了烧麦，烧麦也是南方很常见的一种面点，待客的宴席上往往少不了它。

各式各样的包子是早餐的绝佳选择：既美味又顶饱。你可以在上班的路上，边走边匆匆吞下一个大包子，也可以慢悠悠地，像中国人所习惯的那样，坐在街边的小餐馆里，一边一个接一个地吃着包子，一边与邻桌的人聊着最近又发生了哪些新鲜事儿。轻轻咬上一口，然后往包子里淋入少许酱油或米醋……这就是幸福的味道！

韭菜鸡蛋包子

包子是中国传统美食。很多人将包子与中亚地区的"mantu"相提并论，有些人甚至将包子称为大饺子，还有一些人干脆把它叫作带馅儿的蒸面包。

对了，说到包子馅儿，那可真是五花八门！其花样之繁多令人叹为观止——猪肉馅儿、木耳馅儿、豆沙馅儿、韭菜鸡蛋馅儿……需要声明的一点是，我在接下来的菜谱中使用了"韭菜"一词，韭菜其实就是我们所熟知的"中国葱"。你也可以用普通的香葱来代替韭菜。

我们需要以下食材：

① 温水 260 毫升　　　⑥ 韭菜 160 克
② 酵母 5 克　　　　　⑦ 盐适量
③ 白砂糖 1 汤匙　　　⑧ 植物油 50 毫升
④ 小麦粉 500 克　　　⑨ 芝麻油适量
⑤ 鸡蛋 4 个

第 1 步：

在一个盆中倒入 260 毫升温水，加入酵母和 1 汤匙白糖，充分搅拌均匀，然后放置一旁。待酵母水开始产生气泡时，即可使用。

第 2 步：

在盆中加入 500 克面粉和用温水稀释的酵母，充分搅拌均匀。

第 3 步：

和面。先将面粉搅成絮状，接着下手揉成一个光滑的面团，面团揉光之后，盖上保鲜膜，醒发 30 分钟。

第 4 步：

准备馅料。在一个大碗里打入 4 个鸡蛋，将鸡蛋搅散。

第 **5** 步：

用大火将炒锅烧热，加入植物油。待油烧热后，将蛋液倒入锅中。待蛋液刚一开始凝固，就用筷子不停地搅拌，将鸡蛋搅拌成小块。待鸡蛋完全熟透，将其装入盘中。

第 **6** 步：

将韭菜切碎，装入一个大碗中。加入 50 毫升植物油，搅拌均匀。

第 **7** 步：

将炒熟的鸡蛋倒入韭菜中，搅拌均匀。有的厨师还会往馅料中加入少许粉条，粉条一定要提前煮熟，剁碎。

第 **8** 步：

往馅料中加入 1 茶匙盐，搅拌均匀。还可以加入几滴芝麻香油或者酱油提味增鲜。

第 **9** 步：

将盖在面团上的保鲜膜揭开。在准备馅料的过程中，面团应当已经醒好。将醒好的面放到案板上，用手多揉一会儿，面团揉好以后，搓成长条，切成鸡蛋大小均等的面剂。

第 **10** 步：

将面剂擀成直径为 10 到 12 厘米的小面饼。往面饼中间舀上 1 汤匙半到 2 汤匙调好的馅料。

第 **11** 步：

用拇指和食指捏住面饼最边缘，一边往面饼中心捏褶，一边将边缘的面皮往上提，完全收口后，包子就成型了。

第 **12** 步：

将包子放入蒸笼蒸 20 分钟。前 10 分钟用大火蒸，接着再用中火蒸 10 分钟，然后关火，2 到 3 分钟后取下锅盖。包子就做好了。

鱼寓意"年年有余"

从中国人春节时张贴的年画看来，鱼对他们而言是非常吉祥的象征。在中文中，鱼与"余"谐音，寓意富足、有余。

也许这并不仅仅是谐音那么简单，因为在许多民族的文化里，鱼都象征着财富、好运、幸福。美国人喜欢钓银元鱼，意欲抓住好运气……俄罗斯童话中的叶梅利亚虽然傻头傻脑的，但并没有错失良机，他抓到了一条会说话的梭鱼[1]。而那个钓到一条不同寻常的金鱼的老头却将自己的好运白白浪费在了贪婪的老太婆身上[2]。

所有老一辈的俄罗斯人应该都记得那个脸蛋儿红扑扑，戴着护耳冬帽的小男孩，他曾是苏联新年的象征[3]。中国人也有自己的新年娃娃，不同的是，可爱的小童子露着小肚皮（中国农历新年时，天气已渐暖），怀里还抱着一条大红鲤鱼。

在所有大众化的鱼类菜肴中，最具节日气氛的兴许就属松鼠桂鱼了。

---

1 译者注：在俄罗斯童话故事中，见到梭鱼会带来好运，它可以帮助你实现愿望。在童话《傻瓜叶梅利亚》中，叶梅利亚就借助梭鱼实现了 8 个愿望。
2 译者注：这里指的是俄国普希金著名童话《渔夫和金鱼的故事》。
3 译者注：苏联时期，人们创造出了"新年男孩"的角色，他被认为是严寒老人（俄罗斯的圣诞老人）的继任者。

松鼠桂鱼

松鼠桂鱼是华东地区江苏省的传统菜肴。您应该也猜到了，这道菜跟那种火红色、毛茸茸的小动物并没有什么关系，只是颜色和造型能让我们联想到蓬松的松鼠大尾巴。

一般用鳜鱼做松鼠桂鱼，不过用鲤鱼或黄花鱼也可以。

我们需要以下食材：

① 整鱼1条（约750—800克）
② 糖2汤匙
③ 米醋1汤匙
④ 盐1茶匙
⑤ 米酒1汤匙
⑥ 番茄酱（也可以用番茄）5汤匙
⑦ 水100毫升
⑧ 玉米淀粉
⑨ 松子（上菜时用来点缀）
⑩ 大蒜2到3瓣
⑪ 姜30到40克
⑫ 辣椒（依个人口味适量添加）

第**1**步：

给鱼去鳞，把鱼头切掉，放到一旁。清除内脏和鱼鳃，剪掉鱼鳍。

第**2**步：

去中间鱼骨，让两侧的鱼肉连在鱼尾上，剔掉鱼刺。

第**3**步：

接下来要切鱼肉。首先要横着切，斜着拿刀，呈45度角。切鱼时要切得深些，但不要切断鱼皮。刀口要跟鱼一样宽。

第**4**步：

接着刀和鱼表面保持垂直，沿着鱼肉竖着切。

第**5**步：

切过后鱼肉应该很好分离，但是都连接在鱼皮上。

第 **6** 步：

用同样的方式切开另一半鱼。接下来拎着鱼尾轻轻地甩一下。这个动作可以让"松鼠"的"尾巴甩开"，换句话说，就是让切好的鱼肉小块分开。

第 **7** 步：

把切好的鱼肉和鱼头放到大碗中，裹上玉米淀粉。淀粉量要大，每一块鱼都要裹上。

第 **8** 步：

大火热锅，倒入大量的植物油。

第 **9** 步：

油炸鱼肉和鱼头。捞出来放入盘中，用食品级厨房用纸吸取多余的油。

第 **10** 步：

接下来把鱼放到上菜的盘子上，切好的鱼肉面朝外。摆上鱼头。

第 **11** 步：

准备酱汁，将蒜、姜、辣椒（根据口味自选）剁碎。倒入油锅里炸。

第 **12** 步：

将番茄酱、水、糖、米酒和米醋倒在单独的一个碗里，搅拌在一起，放到锅中加热。

第 **13** 步：

等酱汁开锅后慢慢倒入勾好的芡，直到酱汁凝固。

第 **14** 步：

关火，也可以根据个人口味倒几滴香油。

第 **15** 步：

把酱汁倒到鱼上，撒一些松子。

当然，过节不仅仅是吃席。如果您在北京，一定要去体验一下民间趣味——庙会。您可以去地坛、龙潭湖或白云观。这些地方都有耍杂技的、说相声的，甚至还有京剧和昆曲的演出——演员们全副武装：脸上戴着富有表现力的面具，身穿华丽的服装，手拿剑、棍棒、长矛和其他戏剧道具进行战斗。过节时到处都会有临时出现的小吃街——无数个移动的小厨房，快乐的厨师们只花几分钟就可以给您做出好吃的，他们还会舌灿莲花地赞美自家的食物。

对中国人来说，过节的开销确实不小，毕竟要赠送礼物、接待客人（在现代社会，大家更愿意去附近的餐厅里待客）。年长一些的人总会念叨"越来越没有节日气氛了"，商业化的模式慢慢吞并了文化传统。现在是全民电脑化的时代，人们更习惯在网上通过社交软件交流，这当然取代不了与亲朋好友见面的快乐，但正在逐渐取代中。

还好人们还没有发明出线上吃饭的方法。

以前我觉得，在中国人的生活中，"享受美食"绝对是最后一件被取代的事情。但结果呢，在都市里（特别是在美丽的女士群体中）越来越流行所谓的"代餐"，有蛋白饮料、酸奶或蛋白棒。铺天盖地的广告将此类食品称为"未来之餐"，说它们可以让人快速地产生饱腹感，以便控制体重。现在代餐市场已经赚了数十亿元。

是不是科幻小说中的"美丽新世界"[1]已经到来了？那请让我留在过去吧！

中国台湾省导演李安有一部1994年的电影《饮食男女》，讲述了"餐桌上"的代际冲突。主题是，不在一桌吃饭会导致家庭（最起码是指传统意义上的家庭关系）破裂。

但在节假日里，大部分人想减肥还是很难的。从除夕开始就要吃席，之后的一周，甚至是两周（直到农历腊月十五的元宵节）都在吃吃吃。

元宵节具体的意义已经慢慢在历史的长河中变得模糊了。"元"就是"第一""初始"，也是中国的货币单位，"宵"是指深夜……我真搞不懂这两个字合起来是什么意思！总之，中国人为了照亮这个春天的夜晚，会按时买纸和竹签来做灯笼（或者购买塑料灯笼）。有时灯笼很大，上面还会有情景画：民间故事的场景、古老的戏曲名场面，还有现代的画面。

在元宵节，还要吃与节日同名的小吃"元宵"（中国南方人管它叫"汤圆"，顾名思义就是"汤中的小球"）。因为在节日期间里大家一直在大吃大喝，已经有点厌烦

1　编者注：英国作家阿道司·赫胥黎创作的一部反乌托邦小说，中文译名为《美丽新世界》。在这个科技高度发达的新世界里，没有物质匮乏之忧虑，没有衰老颓废之烦恼，没有工作繁琐之厌倦，没有孕育抚养之压力，没有婚姻之约束……俨然是人类一直以来无限向往和憧憬的"世外桃源"和"乌托邦"。然而，在这个"美丽新世界"里，人们失去了个人情感，失去了爱情，失去了痛苦、激情和危机感。更可怕的是，人失去了思考的权利，失去了创造的能力……

了，所以元宵就成了稀罕食物：用糯米、豆沙在甜汤里一煮，倒更像是甜点。通常元宵都是甜的，但在不同的地区有不同的口味，有时候也有肉馅儿的。在古老的苏州有五色汤圆；山东元宵的馅儿是芝麻和枣泥；在上海，人们会把蟹肉和猪肉馅儿的元宵放在酒酿里煮；浙江省有莲子馅儿的汤圆。

食物，一种与祖先交流的方式

　　在另一个春季节日——清明节，人们习惯踏青郊游，这一习俗从一开始就带有节日仪式的性质。清明节是缅怀逝者的传统节日，一般在每年的阳历4月4日到4月6日。"阴宅"，即安葬死者灵柩的地方，能够影响生者的福祉，因此清扫坟墓、缅怀祖先无疑是一件非常重要的事情。

　　尽管扫墓祭祖的习俗让清明节蒙上了一层阴沉的色彩，但是这个节日本质上是个生气勃勃的日子。清明节又被称作踏青节，其意蕴不言而喻。

　　清明节的传统食物是祭祀食品，默认是与祖先共享的。在古代，这一天被称为寒食节，禁烟火，只吃冷食。即便是现在，许多中国人也仍旧遵守着这一习俗。

　　相传在春秋时期（公元前770至公元前476年），晋国公子重耳因遭迫害而被迫逃亡，在长年的逃亡生涯里饱受饥寒，野菜为汤。跟随他的臣子中，有一位忠心耿耿的近臣，名叫介子推，为了重耳的身体，他悄悄地割下了自己腿上的一块肉，将其炖成汤，端至重耳床前……

　　后来，重耳排除万难，终于当上了晋国的国君，史称晋文公。文公登基后，决定册封介子推为大臣。然而介子推却出于崇高的道德上的考虑，断然拒绝，像淡泊名利的贤人志士通常做的那样，背着自己的老母躲进了绵山之中。晋文公为了迫使孤高的介子推出山做官，不惜下令放火烧山，以期将他们母子逼下绵山。晋文公本是出于好意，可怎料大火愈燃愈烈，介子推和他的母亲被活活烧死在了熊熊火海之中。为了纪念介子推，晋文公便将他去世这天定为寒食节，并下令在这一天不许生火煮食，只能吃冷食。兴许正是从那时开始，中国人的餐桌上才有了各式各样的冷盘。

正如我前文所提到的，清明时节常伴以春雨霏霏，有悲观主义倾向的唐代诗人杜牧（公元 803 年至公元 852 年）就曾在一首名为《清明》的诗中这样写道：

清明时节雨纷纷，路上行人欲断魂。

借问酒家何处有？牧童遥指杏花村。

这首诗的内容看似很简单：一位漂泊无依之人在清明节这天遇上了小雨，便向牧童打听附近哪里有酒家。牧童挥了挥手，指向远处，说：伯伯，那开满杏花的村庄里便是。然而，这却是中国最动人的哀诗之一。诗人上山去给已逝的友人扫墓，却在 4 月的霏霏细雨中迷了路，被寒冷的雨丝淋得瑟瑟发抖……只得找个地方喝点酒暖暖身子。这时，不知从何处走来一个骑着水牛的牧童（这也可能是一个哲学典故，暗喻骑着青牛归隐的老子），他为诗人指了通往山村的路，在那里不仅可以喝杯温酒暖身子，还可以欣赏开得正艳的杏花。我们的生活不就是如此吗？悲伤中又时常伴随着不期而遇的快乐！

在中国，一些小酒馆至今仍被称作"杏花村"。

这首诗的含义还可以挖掘得更深。放牛的牧童——一个天真无邪的孩子，给诗人指出了从我们这充满苦难与烦恼的世界（佛教认为，人世间即是"苦海"），通往那杏花盛开、恬静美好的平行世界的道路。

早在杜牧之前，另一位诗人陶渊明（公元365年至公元427年）也曾涉足这个话题。他写了一篇《桃花源记》，内容是穿过一个神秘的山洞便可到达幸福之地。但不论是杜牧，还是描绘桃花源中"鸡犬相闻"的陶渊明，都让我们想起中华千古智慧之源《礼记》——中国古代一部重要的典章制度选集。《礼记》中便歌颂了"大同"世界——大团结、大和谐的理想社会。

直至今天，中华民族仍在为之奋斗。

# 酒家究竟何处有？

想必是时候聊聊饮酒的习俗了。中国每个省、每个县都有自己引以为傲的酒类品牌。在北京的公交车车身上随处可见花花绿绿的酒瓶图案，它们正从那泛着光的巨幅广告画上望着您呢。

在中国，"千杯不倒"被视为一种超常的能力，可谓豪迈。对于这类人，人们总是满怀敬意地夸赞他们"酒量高"，就是很能喝的意思。

人们对酒的这种态度仍旧与中国的历史习俗分不开。以被后人誉为"诗仙"的李白（公元701年至762年）为首的中国诗人似乎都爱饮酒，而这却丝毫不影响他们的创作。李白留下了上千首诗作，他怀抱大酒坛子的形象已经深入人心。

而古代中国画家更是以酒为伴，这么说并无责备之意。人们通常认为，醉酒的状态能让他们创作起来更为轻松、不受拘束。而这在绘画艺术中恰恰是颇为难得的。

在俄罗斯的语言和传统中，也有不少谚语、俗语说明了饮酒也有好处。《往年纪事》中记载，作为罗斯王国和东正教砥柱之一的弗拉基米尔大公曾有过这样的感叹："酒乃罗斯的欢乐之源，无酒不成活也。"

而至于李白，我们则会这样说："醉酒却不糊涂，倍加可贵也。"其他一些俗语也并不是批判适量饮酒，而是强调"适度"的重要性，如"喝酒切莫误事"。还有一些谚语起初具有积极含义，之后却逐渐被赋予了消极色彩，如"酒后吐真言"。一个平日里沉默寡言，善于隐瞒伪装的人，酒后却将心里话一吐为快，这难道不好吗？

当然了，也要分情况。总之，人们对酒褒贬不一。

中国人一开始就在与酒的关系中分出了主次顺序。如果说一些其他国家的人是以酒和小菜为主，那么中国人则永远将食物放在第一位。

酒在古代扮演着重要角色，是助兴的工具。很早就出现的用于盛酒、饮酒的昂贵器具（稀有的三足酒樽，等等）以及大量与酒（此处的"酒"指所有的酒精饮料，与其酒精含量无关）有关的汉字，都证实了这一点。

民间文学中有"酒圣"和"醉美人"，武术中有"醉拳"。

"酒"作为象形字，最初描绘的正是李白无论如何都不愿放手的酒坛。

应当说，一些外国人表现出的对中国酒的不屑（比方说，气味不对……味道也不对）是由于无知。中国白酒和伏特加完全是两码事。伏特加本质上是经过稀释和净化的酒精。而中国人在蒸馏白酒时（中国的这项工艺已至少有八百年历史）则恰恰相反，他们会努力保留原

传统小雕像：倚着酒坛的李白

材料的原有风味。

对了，中国人在喝俄罗斯伏特加时，也会不解地问道："这怎么喝呀？一点味道都没有呀！"而中国的一些酒瓶上甚至会专门写个标记：浓香型！

有人可能会说，这不过是家酿酒。其实并不完全如此。白酒应是透明的，且具有诱人的香气。就算是家酿酒，也是高品质家酿酒。你们自己去评判吧。

中国的白酒之王当属贵州茅台。1951年，三家茅台镇的小工厂合并为一家国有公司，并开始按照统一配方生产 53 度茅台酒。其实还有 35 度的低度茅台。但随着度数的降低，其味道也大打折扣。茅台已经超过英国酒业巨头帝亚吉欧（这家企业生产尊尼获加威士忌、皇冠伏特加和其他一些世界名酒），成为世界上最昂贵的酒类品牌。

而你们竟还说这是家酿酒！

茅台的缺点就在于太过昂贵（300 美元），当然，也许很多人并不这么认为。20 年茅台的售价已将近上千美元。陈年茅台更温和，经过 30 年的存放，酒体呈微黄色。色泽显著地影响价格——每瓶售价 2 万元人民币（3000美元）起。据我观察，2000 年以前产的茅台在市面上几乎没有，应该都被收藏家们抢光了。

啊，不对！我在一家曾为苏联专家供货的老北京"友谊"商店找到过 30 年的陈年茅台，还有 50 年的！50 年陈年茅台售价 33800 元人民币，将近 5000 美元，不便宜吧？

传说 1915 年，为庆祝巴拿马运河通航，美国旧金山举办了巴拿马万国博览会，茅台就参加了此次展会。当时，一位狡猾的商人仿佛意外碰倒了酒瓶，瓶子摔得粉碎。顷刻间，美妙的酒香溢满了整个展厅，观众一下子沸腾了。最终，中国茅台斩获金奖。

茅台的生产周期长达五六年。蒸馏的最大奥秘便是流经茅台镇的赤水河的水。人们曾多次尝试用别的水来制造茅台酒，结果都以失败告终。作为原料的小麦和高粱（成分比例可是商业秘密！）经过多次发酵、蒸馏，再加上长期贮藏——茅台酒的清香和柔和的口感（对于这种高度白酒来说，这种口感可是无与伦比的）就来自于此！

中国白酒种类繁多，仅官方承认的名酒就有 50 余种。

四川人更喜欢 52 度的五粮液，它由 5 种粮食酿制而成，懂酒的人甚至认为它比茅台更胜一筹。四川人更喜欢 52 度的五粮液。四川还产郎酒，郎酒也在同茅台竞争，可能是由于它的产地二郎镇也位于赤水河畔。在二郎镇，制作好的白酒被贮藏在具有不同温度条件的巨大的溶洞里。如今酿造的郎酒度数在 32 度至 58 度之间，但传统白酒的度数已高达 64 度至 69 度。

在位于中国北方的河北省，人们则爱喝 67 度的衡水老白干。衡水老白干早在公元 104 年的史料中就有所记载，可见其历史之悠久。

而在邻省山西最受欢迎的是 53 度的汾酒。兴许汾酒与杜牧的那首《清明》有着直接关系——"牧童遥指杏花村"，而汾酒的产地恰恰就叫杏花村。杏花村位于汾阳市，汾酒正是因此而得名。可见，其历史也颇为悠久。

北京人则偏爱 56 度的二锅头。爱开玩笑的人会说，"二锅头"就是"两口锅后面有个头"。要我说呀，它指的应是"二次蒸馏的头等品"，这样其精髓便一目了然。

当然，还有其他一些与工艺细节相关的说法。生产二锅头的有两家知名公司：红星和牛栏山。

对白酒的选择取决于您打算在哪儿喝它。若是在便宜的小饭馆喝，那您可以选仅有 100 到 125 克重、手掌大小的绿色扁瓶二锅头，老北京人管它叫"小二"。更好的是 200 克的棕瓶二锅头，但这种二锅头在市面上很少见。而若是参加宴会时，宴客方问您喝什么，您就说您喜欢 20 年陈酿红星二锅头，他们定会对您另眼相看。

哈尔滨人喜欢喝高度酒，这很好理解——太冷了呀！可在几乎全年闷热潮湿的重庆（这个有着 3000 多万人口的城市被称作"雾都"），人们为什么反而喜欢喝度数更高的白酒呢？答案就是："太热了……喝酒出出汗能舒服点儿。"

高粱是生产高度白酒最主要的原料。它虽然是一种谷物，但是现代人很少拿它来做饭，也许对它来说，酿酒就是最佳用途了吧。

张艺谋导演就曾歌颂高粱。他根据诺贝尔文学奖得主莫言的小说改编了一部电影，就叫作《红高粱》。影片中，善良的人们一边在小酒坊里酿造高粱酒，一边与日本侵略者英勇斗争，最终敌人被消灭在一片火红的高粱地里。

不同的地方喝不同的白酒，每个地方的人都以当地的白酒为傲。所以还是让他们自行选择吧。

听老记者们说，轻微感冒时，喝上半杯加热的二锅头，能够缓解身体不适。

用二锅头漱口还能有效缓解嗓子痛，但此法子并非对每个人都适用，也可能会损伤喉咙，所以最好还是遵从医嘱。

不过说真的，第一次品尝当地美食时，喝上两盅当地的白酒还是很有必要的。不寻常的食物，不一样的酒……白酒能帮助避免一些可能出现的麻烦。

对了，虽然白酒度数很高，但每当提起我们的伏特加，几乎所有中国人都会说同样的话："厉害（酒劲儿真大）！"这时候，你就会忍不住和他们争论："明明你们的白酒更烈，我们的伏特加才 40 度。"他们沉思片刻，接着，又重复一遍："伏特加真厉害！"原因其实很简单：俄罗斯人喝酒用的是容量不一的酒杯，而中国人则用小酒盅，尽管小酒盅的威力也不容小觑。

在中国人看来，一起喝两盅酒，就算是建立交情了。其实，并不只是中国人有这样的习惯。德国也有"酒桌交情"，俄罗斯人也一样。在"酒桌交情"中非常重要的一步，就是劝酒。若您是被劝酒的那一方，那么接待方其实是希望您能退让一点儿的。改革开放之初，中国企业家们在同外国商人聚餐后，常常会觉得纳闷：我们都一起喝过酒了，应该是交上朋友了呀，他们怎么还那么固执，一点儿折扣都不愿给！

举杯时，大家通常会说："干杯！"翻译成俄语就是"将杯中酒喝光"，可中国人用的是怎样的酒杯啊！茶碗、高脚杯、酒盅——任何可以用来喝东西的容器，皆可叫作酒杯。

和"天朝"一样古老

关于白酒还能聊很长时间，但现在我们要聊一聊另一种更为古老的酒——黄酒。"黄酒"这一名字本身就不禁让人想起神话时代：黄龙、黄土地、黄河、黄帝……

黄酒常被称作"绍兴酒"。当然，并不是只有中国东部的历史名城绍兴这一个地方生产黄酒。还有上海老酒、鹤壁豫鹤双黄、南通白蒲黄酒、湖南嘉禾倒缸酒，等等。而女儿红这种酒，则是旧时父亲在女儿出生之时，将黄酒埋于地下，等待女儿出嫁时再启封。这时候，喝上小小一盅，新娘的脸颊便会泛起红晕……

黄酒是中国特有的米酿酒，早在公元前 1600 至前 1046 年位于黄河流域的商王朝，人们就已经开始饮用黄酒。饮酒时使用的三足爵杯有专门的器柄，使其能够置于火上加热。黄酒加热后饮用，效果更好，口感更香醇。中国人至今仍习惯温酒：将黄酒斟入专门的烫酒壶，外层注入热水，既能加热，又能保温。还可以往酒里加入几颗话梅。您别不信，温度不高（14 到 20 度）的热黄酒也能让您酩酊大醉！并且这种醉还是神不知鬼不觉的，所以喝黄酒时切莫贪杯，因为不知从什么时候开始，您的腿脚便已经不听使唤了。

按照公认的说法，以李白为首的中国诗人喝的就是黄酒，黄酒能激发他们的创作灵感。

烹饪菜肴时会用到黄酒，感冒的时候来点儿黄酒也是不错的选择。若是健康状况不允许您喝温白酒，那就来杯热黄酒吧！一边烤火，一边喝着黄酒，那才是真正的享受呢。

中国啤酒的历史并不长。通常认为，啤酒是由德国人传入中国的。著名的青岛啤酒的创始人就是德国人。但说到中国最早的啤酒诞生地，哈尔滨可就要与青岛争论一番了。哈尔滨的第一个啤酒厂是由俄国人在1900年建立的，比青岛啤酒厂还要早两三年呢。

中国葡萄酒大量生产的历史比啤酒还要短。它们在中国的发展始于改革开放的高潮时期。这一时期，人们有机会放眼世界，还学会了各种洋派头。而红酒恰恰顺应了时尚潮流，也体现了中国人对其他国家文化的好奇。如今，只要是浪漫爱情电影，主人公们在决定表白时，一定会喝上一杯红酒，好像喝着二锅头或者黄酒就没法表白似的！

"喂龙"

　　终于讲到端午节了。端午节又称龙舟节，为每年夏初的农历五月初五。这一天要赛龙舟，吃粽子（用苇叶裹上糯米和各种馅料做成的食品），纪念楚国爱国诗人屈原（公元前360年至公元前278年）。屈原深爱祖国，因受诽谤而被流放至边远的汨罗江畔。

　　关于端午节的由来说法甚多。其中一个说法是，这一天是为了纪念屈原。屈原是战国时期（公元前476年至公元前221年）楚国的政治活动家。当秦国军队占领楚国都城时，屈原于绝望之中投身汨罗江。屈原投江之日恰逢五月初五。在他死后，为了避免蛟龙侵扰诗人的遗体，当地人便开始将米饭团投入江中，以饲蛟龙。然而蛟龙（抑或屈原的魂灵）抱怨道，米饭都被小鱼们抢光了，它什么也吃不到。于是，人们便开始将祭龙的米饭包进苇叶。

　　另一个更合乎情理的说法是，当地投食蛟龙的习俗由来已久，而屈原的故事只是同这一古老的仪式重合了而已。屈原成功融入了传统。

　　粽子稍稍有些像库帕特肠[1]或者菜卷，是最古老的烹

1　编者著：格鲁吉亚菜肴，一种用猪肉加辛辣佐料制作的灌肠。

紫禁城九
龙壁

饪方法的代表作之一。粽子种类繁多。咸粽多是往糯米
馅中加入肉块或虾仁，而甜粽里则是蜜枣和蜜豆。

在中国北部的河北省，您可以品尝到别具一格的粽
子：玉米鲜肉粽。将玉米鲜肉馅儿像包饺子那样包进橡
树叶，然后上火蒸 20 分钟。据当地厨师说，用橡树叶包
粽子的习俗是从中国东部的浙江省传入河北的。好像在
明朝时期（公元 1368 年至 1644 年），义乌（如今举世
闻名的批发市场）兵被派去驻守长城。士兵们思念远方
的家乡，便决定用橡树叶代替面皮，用玉米代替大米，

制作出一种半像粽子，半像当地饺子的食物。长城绵延
两万余公里，这些义乌兵的后代，如今就生活在长城沿
线的村庄里。

中秋节

中国人最喜爱的传统节日之一，便是中秋节——每年的农历八月十五，正逢农忙结束之时。不光中国庆祝中秋节，一些东南亚国家和凡是有华人居住的地方，都欢庆中秋节。

通常认为，中秋节与古代的天文观测和祭月仪典有关。中秋节又称"祭月节""月光诞""月夜节""月娘节"。

形象地说，春时，中国人拜谒象征阳刚之气的烈日，为夏日做准备。秋时，其思绪则偏向阴柔之气，随着冬日的临近，阴气越发旺盛。此时，啜饮一杯新酒，夜晚的闲坐便也增添了几分乐趣。为此，还要在园中建起一座亭子，在亭中吟诗作画，而如女子般柔美的月亮定是不可或缺的。

直到如今仍有赏月的习俗，大家都想看看那捣制神奇的长生不老药的月兔，还有那月亮仙子嫦娥。

在静谧的赏月氛围中感受到一种阴郁的、神秘的力量……希望读者不要怪罪笔者有性别偏见。就拿嫦娥来说吧。

嫦娥是英勇的弓箭手后羿之妻。后羿是中国古代神话传说中的人物，与怪物作战的战士。远古时，天上同

灯笼——玉兔

时出现了 10 个太阳，炙热的阳光焚烤着大地，草木枯焦，民不聊生。后羿便用弓箭精准地射去了 9 个太阳。据古代著作《淮南子》记载，作为奖赏，后羿从西王母那里获得了一颗长生不老丹。夜里，趁疲惫的丈夫熟睡时，嫦娥禁不住诱惑，偷吃了仙丹，飞升至月宫。

　　根据早期的一种说法[1]，嫦娥飞升至月宫后变成了一只蟾蜍，只能终日在药臼中捣桂皮、决明子抑或别的什么植物药

1　编者注：见《淮南子》，羿请不死之药于西王母，羿妻嫦娥窃之奔月，托身于月，是为蟾蜍，而为月精。大意为：羿从西王母处请来不死之药，后羿的妻子嫦娥偷吃了这颗灵药，飞往月宫，于是嫦娥就住在月宫之中，变成了蟾蜍，就是传说中的月精。

材（具体配方未知），研制她服下的那种长生不老药[1]。在后来的传说版本中，这一角色则由玉兔承担了。

中秋节也可能曾是一个女性节日，类似于古代的妇女节。否则，为什么中秋节要喝甜桂花酒，吃甜月饼呢？

但我们并不是要研究这个，我们谈的是美食。圆圆的月饼形似圆月，象征着圆满、富足和女性之美（在中国古人的观念中，女性之美总是与圆形挂钩）。

红色的月饼礼盒是中秋节礼品的首选。通常，这些月饼上的图案，是像古代那样，用雕刻着各种符号和汉字的木质模具印上去的。也有一些月饼上的印章用的则是红色的食用色素。

近年来，很多消费者都将目光转向了低卡月饼，以防长胖。市面上也出现了各式各样不同于传统形状的月饼：方形的，多角形的，花朵形的，还有做成卡通人物的。月饼馅儿也变得更加五花八门。

如今对中秋节的庆祝不像以往那么拘礼了。中国的社交网站上充满了各种节日祝福，大家通过网络互送虚拟月饼，省钱又省时。政治、经济、社会生活——一切都在向数字化看齐，风俗习惯自然也是逃不掉的。不，还是给我块月饼吧，让我解一解生活的苦。

秋天的时候去一趟苏州（距离上海只有一个小时车程）吧，去逛逛拙政园，听一听雨水滴落在宽大的荷叶上的声音，您就能明白中秋节的意蕴了。

---

1 编者注：在较为古老的传说版本中，捣药的是蟾蜍，可在汉代石刻画像中找到证据。

去凉亭时，别忘了带上一瓶扁扁的黄酒。

中秋节是中国四大传统节日中的最后一个。

除法定节假日外，中国还有一些其他的全民欢庆的节日，如五四青年节、教师节等。就着这些节日，我们还能聊很多新的饮食风尚，比如校园美食……甚至还可以在中国航天日（为纪念 1970 年 4 月 24 日，中国第一颗人造地球卫星"东方红一号"发射成功）聊一聊中国的航天员菜谱。记得还曾有人为中国航天员能否在太空使用筷子的问题而争论不休。

与饮食传统密切相关的还有两个"甜蜜"的节日：农历七月七日的中国情人节——七夕以及重阳节。

显然，七夕这天，就算不带心爱的女孩去饭店，也要买些甜点哄她们开心。有意思的是，为什么被"投喂"的偏偏是女孩子，而不是男孩子呢？总的来说，这个家庭节日是为了纪念一对被迫分开的夫妇——牛郎和织女。牛郎织女在严酷的王母娘娘的旨意下，只能分隔于银河两岸。我好像记得他们还有孩子……于是，每年七夕，喜鹊便在银河上为他们搭鹊桥相会。

根据传统习俗，七夕之夜，桌上需备饺子、饼干以及五子（桂圆、红枣、榛子、花生、瓜子）。有的地方会吃特制的面条，有的地方则会吃"糖饭"。七夕节最受欢迎的食品则当属巧果——一种水果馅儿的油酥点心。将"巧果"反着念，听起来则很像"过桥"，没错吧？

重阳节又称双九节，即农历九月初九。九九寓意长寿（"九"与"久"同音）和极限（数字占卜法中，九是个位数字中最大的一个，有极限之意）。尽管重阳节在秋季，天气已渐趋寒冷，但节名中却有代表阳气的"阳"字。这一天通常要登高，在高山的松树下一边饮菊花酒（或至少要喝菊花茶），一边眺望远方美景。松和菊包含着长寿的美好愿望，固有"松菊延年"之说。

　　而如若体力不支，无法登高，也可足不出户，在家品糕（"糕"——一种传统的甜点，与"高"同音）。

　　此处我们再次见证了甜点的独特意义。总之，不宜每天都无故准备甜点。甜点（广义上指美味的点心，可以是咸的，也可以是苦的）应是节日专属。

　　这里的"节日"不一定是传统意义上的节日。与心爱的人约会——不也是过节吗？

　　装在红色盒子里包装精美的糖果，以新郎之名送至新娘手中。特意挑选了红色糖果，因为红色是炙热爱情的颜色啊。

　　啊，你真是我的小甜心！

月饼

寿桃与佛手

中国人以水果代替甜品，水果不仅可以装点节日的餐桌，也是招待客人的常备之物，用以填补谈话的间隙。

中国的许多传说都与水果有关。你们大概也发现了，在东方，无论近东还是远东，人们对桃子都颇为喜爱和珍视。在俄语和拉丁语中，"桃子"一词来源于"波斯"。然而在中国，所有百科词典都显示，至少在公元前10世纪时中国就开始种植桃树，它们正是沿着丝绸之路从中国传到了印度和波斯。

桃又称长寿果，生长在玉皇大帝的仙桃园中。画像中的寿星手中捧的正是寿桃。寿星是一位大脑门的神仙，为福、禄、寿三星之一。

桃还象征着女性之美。不妨听听中国人是如何解释"嫩"一词的吧。中国人常用"嫩"来诗意地描绘女子细腻柔软的皮肤：像桃一样，嫩得能掐出水儿来。

橘子被视为新年的标志之一：结满小小果实的橘子树对中国人来说便相当于新年枞树了。

苹果的谐音是"平"，让人想到和平、安宁。

梨能够缓解肝脏疾病，清热生津，润肺化痰，还可利尿通便。

柿子金灿灿的颜色像极了佛祖的金缕袈裟。

多籽的石榴寄托着人们"多子多福"的美好愿望。

说到街边的快乐，非糖葫芦莫属。若您不介意在街边买吃的，那就去尝尝吧！

佛手——一种手指状柑橘，外形颇似能为信徒带来福祉的佛祖之手。

热量低，但富含微量元素的火龙果确实形似火龙。

然而，在中国的所有水果中，最常被记起的则是李子。"李"为中国最常见的姓氏之一。

圣女果在中国也被视为水果。

在远离北京的地方

俄罗斯"中国年"期间（2007 年），俄罗斯的媒体代表和中国的媒体同行们一同驾车参加了"中俄友谊之旅·中国行"活动。此行令人印象深刻，完全符合预期：吉普车队在各大城市和乡村间穿梭了整整一个月，期间，记者们还会见了当地的政府人员、商人、工人、农民、演员，观赏了大熊猫、小熊猫，参观了各大工业项目、名胜古迹和自然公园。我们一共跋涉了 8800 公里。双八——双重幸福！

最艰难的不是长途跋涉，不是必须遵守严苛的日程表，也不是语言障碍和跨文化交流的困难，而是每日的招待会，有时甚至一天两次！但总体上还算一切顺利。至少此行让我们感受了各种各样的中国美食。

在中国北部河北省的省会石家庄，我们品尝了金凤扒鸡——一种色泽金黄的清真焖鸡；在太原（山西省省会，也位于中国北部）品尝了羊杂汤和驴肉；在郑州，参观完少林寺后，我们喝了胡辣汤（一种糊状的辣汤）。河南人不知为什么习惯于早上喝胡辣汤，但毕竟在其他一些国家，喜欢早上喝这种又辣又稠的汤的人也不在少数！

来到中国西北部的陕西省，定不可错过古城西安著名的兵马俑。在那里，趁管理员不注意，我们悄悄在两千多年前的枪兵剑士的雕塑旁拍了张照片。 西安名吃是biangbiang面——一种宽如皮带的面条。 biangbiang面的名字里有两个拼写和读音都极不寻常的叠字，每个字各有56画。我尝试了3次才最终在半分钟里将这两个字写了出来。 你们也试试吧。

在陕西，我们还拜谒了中华民族的始祖——黄帝的陵墓，当地人称其为"黄陵"。

biang 的汉字。尝试着写一写吧！

接着，我们来到了四川省的省会——成都。到四川一定要去一趟距离成都不远的三星堆遗址，去看看神秘的金面具和青铜人像。成都厨师为我们准备了夫妻肺片。这道菜名乍一听有些野蛮残暴，但实际上，该命名是为了纪念一对厨艺高超的夫妻厨师，他们在近百年前曾以制作牛肺片为生。

在重庆，必定要体验一把全国闻名的重庆火锅的辣爽。不过还好通常有两种锅底可供选择：满是红辣椒的红汤和配料以蔬菜为主的清汤。

在贵阳（贵州省省会），人们习惯用红辣椒辅以大蒜，而糟辣椒这一调味品又使得辣中增添了几分酸味。在南宁（广西壮族自治区首府），我们品尝了竹笋。接下来是桂林，桂林因漓江沿岸的喀斯特地貌而被一些人评为中国最美的城市。

在那里，一定要尝一尝当地人用鱼鹰捕获的鱼。鱼鹰是一种形似塘鹅的大型水鸟。它们停落在可承受一名渔夫的重量的竹筏上。渔夫不时地将鱼块抛进水里，其中一只鱼鹰便追着鱼块，一头扎进水里，待钻出水面时，嘴里已经叼着一条大鱼了。鱼鹰无法将鱼儿吞下，因为它的颈部套着一圈绳索。但它仍能得到自己应得的那份，所以它和渔夫相处和睦。接下来，我们去了广州，在那里吃了牛腩羹；去了深圳——一个四十年前在一片荒芜的滩涂地上建起来的特大城市，在那里品尝了公明烧鹅；

还去了汕头、福州、温州、上海、南京、济南，途中顺便去了一趟孔子的故乡——曲阜，然后重新返回北京。我已经没有力气去回忆我们整个美食之旅的种种细节了。相信我，这并不是件易事（友谊的重负啊！），每个地方我只回忆了一道菜，可要知道，不管我们走到哪里，餐桌上永远都是满满当当的啊！

上海的招待会在古老的豫园举办，豫园位于上海古城区，是游客云集之地。

上海可以称得上是中国的经济中心，自然算不得边远地区。上海人反倒觉得远离海洋的北京才是边远之地。这是个颇富争议的问题。作为一个老北京人，我个人坚决反对这样的观点。

好吧，如果您真的想感受一下其他省的隆重礼遇，那就请来中国北部的山西省平定县吧。那里至今仍保留着宋朝（公元 960 年到公元 1279 年）和金朝（公元 1115 年到 1234 年）用以宴请达官贵人的菜肴。作为证明，他们还向我们展示了 1972 年发现的一幅 12 世纪初的壁画，画中，一些古代名流正在摆满丰盛菜肴的餐桌旁用餐。

受这些传说的驱使，慈禧太后（公元 1835 年到 1908 年）曾于公元 1900 年前往该县。诚然，当时的北京很不太平：八国联军正在镇压"义和团"运动（公元 1899 年到公元 1900 年），朝廷想到相对平静的山西避难，更何况山西距离首都也不远。但我们就权当她去那里是为了品尝当地的美味佳肴吧。至少，山西的厨师们是为此而准备的。

平定可不是什么穷乡僻壤。古时候，这里曾是商路道口，昔日辉煌的影子仍依稀可见。

所以，来到光辉的平定，一定要体验一下三八席。这样的盛宴通常是为婚礼准备的，但为了贵宾他们也会竭力安排。还记得，三八席上的一切都与数字"四"有关，有"事事如意，四平八稳"之意。首先，他们会给您端来装在小碟子里的"四干四鲜"，其中"四干"为花生粘、龙眼干、瓜子和葡萄干。花生含"生"字，至于龙眼是否和龙有关，我不太记得了，但肯定代表着某种好的寓意，而瓜子自然是暗喻"送子"了（瓜子——子——孩子）。

对于中国人来说，猜这些"桌谜"就像剥瓜子一样简单，但对我们这些"蛮夷之人"来说，却颇为不易。这时，服务员解释说，这还不是正菜，只是为了不让桌子空着，而正菜则要等所有客人都到齐后再上。

接下来是八道凉菜——四荤四素，正如您已经猜到的，这八道菜也寄托着大吉大利、吉祥如意的美好祝愿。接着上四大碗、八小碗，最后是四道甜品。所有菜肴都寓意深刻，十分讲究。服务员们争先恐后地解释菜品的种种寓意，顺便还加入各种历史细节，而你却只顾着数菜了。

有人可能会认为，中国古代的宴席不过是各种字谜

三八席

和仪式的堆积。但你只要看看10世纪的《韩熙载夜宴图》，就会发现，他们的晚宴与我们的并没有太大差别：也有人醉心于美人儿，有人钟情于美酒……在一幅长3米多、宽不到30厘米的画卷上，描绘了40多个人物，专家认为，画中描绘的都是生活在一千多年前的真实人物，其中也包括夜宴的主人韩熙载。

这幅画背后的故事也耐人寻味。传说曾身居高位的韩熙载在南唐新朝廷不受重用。皇上猜疑他政治野心不死，于是便派大画家顾闳中到他家中去，窥探他的行踪，并将看到的一切如实绘成画卷。

不知是韩熙载猜到了皇上的用意，故意将自己伪装成一个醉生梦死的庸人，还是大画家不愿做卑鄙的间谍，总之，画卷上描绘的只是一场普通宴会的景象：宾客们

亲切地交谈，喝酒，或游戏，或奏乐，又或出神地观看

顾 闳 中 《 韩
熙 载 夜 宴 图 》
（局部）

表演。

　　不知皇上当年看这幅画时是否足够清晰，但如今，

我们的网民们已经能够将图片的细节放大 40 倍。但不管

怎样，宴会仍是那样的宴会。

苏东坡与红烧肉

红烧肉又称"东坡肉"，这并非偶然。诗人苏东坡喜爱烹饪，便自创了几道菜，这些菜也自此被流传了下来。当然，苏东坡的一些诗句也广为人知：

花间置酒清香发，争挽长条落香雪。

山城酒薄不堪饮，劝君且吸杯中月。

——（《月夜与客饮酒杏花下》）

但他的东坡肉更是无人不知，无人不晓。

红烧肉

我们需要以下食材：

① 猪肉（一定要选肥瘦相间
且带皮的五花肉）400 克
② 姜 40 克
③ 葱 1 把
④ 米酒 60 毫升
⑤ 八角 2 到 3 个

⑥ 桂皮 1 根
⑦ 糖 2.5 汤匙
⑧ 盐 1 小撮
⑨ 老抽 2 汤匙
⑩ 豆瓣酱半茶匙
⑪ 香叶 2 到 3 片

第 *1* 步：

首先须将五花肉（带皮的一侧）放在明火或者烧热的平底锅上燎净。

第 *2* 步：

将五花肉用开水洗净。

第 *3* 步：

将五花肉煮 15 分钟。往烧开的水中加入 4 到 5 片生姜，3 汤匙米酒和适量葱叶。

第 *4* 步：

15 分钟后将肉取出，放至冷水中。待肉放凉后，将其切成 2 厘米左右的方块，一定要保留肥肉。将切好的肉块装入碗中，先放至一旁。

第 *5* 步：

用大火将炒锅烧热，加入植物油，然后加入 1.5 汤匙白糖。

第 *6* 步：

待白糖融化成焦糖色的糖浆时，将肉倒入锅中，快速翻炒。

第 *7* 步：

待肉炒至变色时，往锅中加入切好的姜片，2 到 3 个八角，1 根桂皮，半茶匙豆瓣酱和 2 到 3 片香叶。然后继续搅拌。

第 *8* 步：

往锅中加水，使其完全没过肉块。北京的一些饭店在做这道菜时，会采取非常规的烹饪方法：将水和啤酒以 1:1 的比例加入。

第 *9* 步：

往肉汤中加入 1 把葱，2 汤匙生抽，50 毫升米酒，1 汤匙白糖和 1 小撮盐。盖上锅盖，炖 1 个小时。

第 *10* 步：

50 分钟后，揭开盖子，加入大葱和姜片，然后翻炒，使多余的水分完全蒸发，直至汤汁浓稠。

第 *11* 步：将红烧肉出锅装盘。

宫廷菜与谭家菜

在博物馆里看着那些奢华的餐具和各式各样的酒具，谁都不禁暗中叹息：唉，这就是古代权贵们曾经的奢靡生活啊！

像你我这样的普通人，在想象克里姆林宫或白宫的生活时，往往会试图猜测当年的他们在那里吃什么，喝什么。

中国的宫廷御膳自古以来就以花样繁多而著称。统治者们竭力在餐宴上超越对方，以菜肴的精巧奇异来丰富这一崇高的活动。

宫廷菜在中国历史上最后一个封建王朝——清朝时期达到鼎盛，当时皇帝的御膳有108道菜，且每道菜都必须由试菜的太监提前品尝。

108是一个特殊的数字，中文发音颇似"要你发"。佛教中有108罗汉阵。道家将1和8相加，得数为9——一个神圣的数字，为阳数之极，有"极高"之意。此外，九还是"久"的谐音，寓意长寿，而长寿正是历代"天子"——皇帝们所梦寐以求，而又往往无法如愿的。对诸位皇帝来说，御膳恰恰是他们实现"长寿"这一目标的工具。

清朝时期的御膳又称"满汉全席"——集满族与汉族菜肴之精华于一体的盛宴。

　　令人意想不到的是，在人民当家作主的新时期，旧时皇家的那些珍馐美味并未消失，宫廷御厨们的诸多拿手好菜早已被收纳进了谭家菜——晚清一位谭姓官员的家传筵席里，而在 20 世纪 80 年代，宫廷御宴的秘密由紫禁城的那批老太监厨师们悉心守护着。他们将自己的手艺传授给了年轻一代的接班人。那时，不仅可以同这些御厨们攀谈，还可以与他们昔日的主子们交谈。记得1993 年，我曾约定好采访"末代皇帝"溥仪的弟弟——溥杰。在贝纳尔多·贝托鲁奇执导的同名电影《末代皇帝》中，有两兄弟在紫禁城的城墙下告别的感人片段。遗憾的是，那年，溥杰患了一场重病，不久后便逝世了，采访便没能如期进行。当时，在一些饭店里还能看到他的书法作品，笔笔精美，但在我看来，有些过于偏重装饰性了。

　　在如今的北京，您仍能找到几家布置成不同朝代的风格的宫廷菜餐厅。俏丽的女服务员会为您讲述每道菜的来历。从这些故事中可以明显看出，天朝的统治者们并不是只喜欢那些过于复杂的奇异菜式。

　　一天，慈禧太后（中国晚清皇太后，于公元 1861 年至公元 1908 年间执掌着大清帝国的最高权力）在返回紫禁城的途中饥饿难忍……这时，她恰好看到路边有家小

饭馆，窗内还亮着灯光。于是，太后便吩咐下人抬轿朝那亮光走去：“去尝尝老百姓们吃的东西吧。”然而不凑巧的是，店里已经吃得什么都不剩了，仅剩一点儿玉米面。店家迅速将玉米面揉成了一个柔韧有劲、略带甜味的面团，再将面团搓成一个个小小的圆球，在每个圆球中间钻一个小洞，然后上锅蒸了几分钟。蒸熟后，将它们端给了慈禧太后。

"这是什么呀？"太后问道。

"夫人，这是窝窝头。"店家灵机一动，机智地回答。

故宫门前的铜狮——权力的象征

这道简单的点心深受慈禧太后的喜爱，自从太后品尝过之后，便被纳入了御膳菜单，至今在北京仍被当作"宫廷美食"售卖。

关于窝窝头的来历，还流传着另外一种说法。故事情节大同小异，只是主人公变成了清朝早期的一位皇帝——康熙帝。传说，有一回，康熙帝外出打猎时迷了路，后来，他来到一家简陋的农舍请求留宿，并在那里吃了晚饭。据说，康熙帝吃过的窝窝头个头更大，中间的凹洞里还填满了炒过的野菜。那种可以食用的野菜至今仍能在长城脚下的农户家中品尝到。

第三个版本的内容与第二个故事一样，只是这回故事的主角则换成了乾隆皇帝（公元 1736 年至公元 1795 年）。乾隆皇帝和《一千零一夜》中的哈鲁恩·艾尔·拉希德皇帝一样，也喜欢隐蔽身份，微服私访，去民间听听老百姓们对他作何评价。两根手指并拢弯曲，敲击桌面，以表示对上级的感谢——这一习俗便可追溯到乾隆皇帝身上。这个手势的暗含之意是："非常感谢，请原谅。"

相传，当年乾隆皇帝在一次微服私访中假扮成一位仆人，而他的一位心腹大臣则打扮成老爷。他们来到一个小饭馆，在那里吃着简单的饭菜，而用餐时仆人自然要侍奉老爷，伪装成老爷的大臣见状顿时惊慌失措，心想：万一皇上回宫后，想起他曾伺候过自己的部下，龙颜大怒，要将奴才砍头，那可如何是好呀？于是，那位大臣灵机一动，用两个手指弯成双腿下跪的姿势，在皇帝面前"跪"了几"跪"，以示谢恩。皇帝会心地点了点头，晚宴便这样圆满地结束了。

还有一种非常受欢迎的美食叫作"风吹饼"——用薄如蝉翼的面饼做成的两张圆形薄饼，中间夹着一层黏稠的蜂蜜坚果碎。

若是所有的宫廷菜都这么简单，还有什么费劲儿的呢？像"游龙戏凤"（以明虾和水发鱿鱼为主要食材）这道菜的做法就复杂得多了。

而著名的北京烤鸭更是宫廷菜中的精品！外国代表团来到北京的第一件事，便是去全世界最正宗的北京烤鸭店"全聚德"一饱口福。全聚德其实有两家总店，一家位于北京市中心的前门大街，而另一家则位于西边的和平门附近。

好吧，若是您实在想尝试自己做北京烤鸭，倒也不是不可以，不过，有几点需要注意：首先，鸭子要选用北京育种专家们历经多年努力才培育出来的北京填鸭。肥一点的鸭子比较合适，但也不要过于肥腻。处理干净的鸭体要用酱油、蜂蜜和芝麻油调制的酱汁提前腌制，然后将其放置明火上烤一个半至两个小时，烤制时只能使用果木——柿木、梨木、苹果木。不仅如此，还要像给足球打气那样给鸭子充气，以使鸭皮与皮下脂肪分离。据说，这样一来，烤制过程中鸭皮就会变得格外酥脆。

这道菜的全部精髓都在那酥脆的鸭皮和那层薄薄的皮下脂肪上。鸭架会几乎原封不动地被端走——按照顾客的意愿，将其熬制成鸭汤。鸭头可以端给最尊贵的客人。吃鸭头只是一个象征性的动作，不一定要真的去咀嚼它。而最酥脆油亮的几块鸭皮则搭配白糖一起上桌。

对了，吃的时候，要先将烤鸭片蘸上酱——这是一种浓稠的褐色豆酱。然后要加入黄瓜丝、葱丝，一起卷在薄薄的荷叶饼中食用。也可选用其他配菜。

燕窝八仙鸭的烹制难度不亚于北京烤鸭，甚至更为复杂，主要是食材珍贵难得。首先，我们准备一只肥鸭，一盏燕窝（金丝燕用自己的唾液织成的巢穴），少许黄酒，盐和姜（依个人口味酌情添加），5克大葱，少许苏打。至于鸭子，自然要先拔毛、去内脏，然后清洗干净，再将燕窝放置在温水中浸泡两个小时，若上面有小羽毛的话，将小羽毛挑出。将泡发好的燕窝用冷水冲洗两三遍，加入苏打、水，用筷子慢慢搅拌，然后用细滤网沥干水分，再用开水冲洗两遍，然后放在一张干净的厨房纸上，吸干水分。将清理干净的鸭子放入蒸锅，加入葱、姜、黄酒、盐、凉水，在炉子上煮至半熟，然后将燕窝和鸭子一起放在蒸笼上，蒸熟。用这种做法做出的鸭和燕窝通常被装在同一个盘子里，供八人食用。这道菜得名于"八仙"——中国民间传说中的八位神仙，他们各显神通，终于到达了蓬莱仙岛。但这道菜对于业余烹饪爱好者来说，实在是过于复杂了，哪怕业余爱好者们再顽强、再倔强，也很难做得出。

　　燕窝也有简单的做法——熬成燕窝汤。这回不是八人份了，而是两人份，并且不需要用到鸭子。专家们认为，女人常喝这种半透明的物质能够美容养颜，青春常驻。想试试吗？

窝头

　　这道由玉米面制成的简单糕点深深地根植于中国人
的日常生活中。这一"宫廷美食"不仅可以在饭店里品
尝到，还可以在超市里购买——既有半成品，也有成品。
它呈金黄色，样子像鸟巢，通常被中国人当作早餐——
当地人认为，吃玉米面对身体健康大有益处。

　　不仅如此，窝窝头的价格还相当便宜——每个售价3
元起，按照当前的汇率约为45美分。

　　我们需要以下食材：

① 玉米面 100 克
② 黄豆粉（可用大米面代替）50 克
③ 白砂糖 1.5 汤匙
④ 酵母粉 2 克
⑤ 温水

第 **1** 步：将酵母和 50 毫升温水倒入一个小碗中，搅拌均匀。

第 **2** 步：将玉米面、黄豆粉和白砂糖一起倒入盆中，加入用水稀释的酵母，充分搅拌调和均匀，直至面盆内形成稍干一些的松散的面絮。必要时，可以加入少许温水。

第 **3** 步：将面絮揉成一个光滑细腻的面团。

第 **4** 步：将面团盖上保鲜膜，静置 30 分钟。

第 **5** 步：面团醒好后取出揉匀，然后搓成长条，分成若干鸡蛋大小均等的小剂子。

第 **6** 步：逐个把小剂子搓圆，将大拇指搓入面团中间，不断转动，修整成型，使其成为底部有洞的锥形小窝窝头。窝窝头做好后，静置 15 到 20 分钟。

第 **7** 步：准备蒸锅，锅中放水烧开，将窝窝头放入蒸屉里，蒸 20 分钟。

窝窝头有很多不同的制作方法。例如，可以用小麦粉代替黄豆粉或大米面，还可以用牛奶代替水。有些厨师会减少玉米面的比例，让另一种面的添加量多于玉米面。这样做出来的窝窝头就会变成淡淡的柠檬黄色，而不像蛋黄那样金灿灿的。

窝窝头还有另外一种做法——红枣窝窝头。可以将干红枣放在窝窝头表面以作装饰，或者将红枣去核切碎，直接揉进面团。

节日

燕窝汤

　　在亚洲，燕窝汤被誉为让女性永葆青春美丽的灵丹妙药。例如，中国的一些女性相信，正是燕窝汤帮助她们保持吸引力。燕窝汤对男性也有益处。这道菜在中国被视为珍馐，只有有钱人才吃得起。因为 1 千克燕窝的成本就高达约 2500 至 3000 美金，这就是为什么燕窝汤的价格远远不是一般消费者能够接受的。

　　我们需要以下食材：

① 燕窝 2 盏

② 枸杞 1 汤匙

③ 干人参片 1 到 2 汤匙

④ 干红枣 5 到 6 颗

⑤ 糖适量

第 **1** 步：

将酵母和 50 毫升温水倒入一个小碗中，搅拌均匀。
将燕窝放入温开水中浸泡 4 到 5 个小时，泡至燕窝体积增大、手感柔软。

第 **2** 步：

将燕窝顺着纹理撕成条状。

第 **3** 步：

将红枣去核，切成薄片。

第 **4** 步：

燕窝汤需要隔水炖。如果您有专门的隔水炖盅，那最好不过了。若是没有，您也可以拿一个玻璃碗（煮单人份的汤）或者一口陶瓷小锅。

第 **5** 步：

往您准备用来炖汤的容器中加入红枣，1 汤匙枸杞和 1 汤匙人参片。

第 **6** 步：

再将泡发的燕窝放入，加水没过食材。

第 **7** 步：

将容器盖上盖子，放入装水的锅内炖 30 分钟。

第 **8** 步：

半小时后，将燕窝汤取出。揭开盖子，加入 1 茶匙糖。这道菜就做好了。

哈尔滨大列巴

俄罗斯人第一次在中国用餐时，难免会有这样的疑问：面包在哪里？唉，中国人的餐桌上既没有面包，也没有盐[1]。想吃面包就去哈尔滨吧，面包在那里可是当地特色！

1986 年，我第一次来到哈尔滨——东北三省之一黑龙江的省会。当年，这座建于 19 世纪末，坐落在中东铁路线上的城市里仍居住着十来名俄罗斯移民，我经常能在圣母守护教堂碰见他们。司祭（他的名片上就是这么写的）格里戈里·朱在圣母守护教堂里供职，他是一位中国人，说俄语时带着一股很浓的伏尔加口音。据他所说，这种口音是俄国东正教驻北京传教士团[2]（如今是俄罗斯驻华大使馆所在地）的一位导师传给他的。

居住在哈尔滨的俄罗斯人都是"白俄"[3]吗？远非如此。我就认识一位叫米哈伊尔·米哈伊洛维奇·米亚托夫（公元 1912 年至公元 2000 年）的老先生，他出身于俄罗斯商人世家，曾在比利时留过学，通晓多种语言，聪慧过人。

1　编者注："面包和盐"是俄罗斯自古已有的待客传统。
2　编者注：也称"俄国东正教驻北京使团"，是中外关系史上的特殊历史现象。
3　译者注：公元 1917 至公元 1920 年间流亡海外的俄国人。

2006 年，中国最年长的俄罗斯妇女——96 岁的叶夫罗西尼娅·尼基福罗娃逝世。1923 年，她与父母一同从赤塔来到哈尔滨。在逝世前几年的一次采访中，她谈到了老哈尔滨，当时令我极为震惊的是，她竟然一直都不会说中文："一开始没必要学，周围全是俄罗斯人或者会说俄语的人，后来等年纪大了的时候，已经来不及了。"早已改名的哈尔滨街道，她却仍喊着它们的旧名儿，譬如，如今的中央大街，仍被她习惯性地叫作"中国大街"。

哈尔滨方言中甚至融入了一些俄语词，例如：喂得罗——ведро（水桶），沙一克——сайка（一种椭圆形白面包），布拉吉——платье（连衣裙），沃特卡——водка（伏特加）。1986 年，所有外国女人仍被称为马达姆（мадам，意思是"夫人"），而外国男人则被称作戈比旦（капитан，意思是"长官"）。

在那条中央大街上，我发现了一家具有"俄罗斯血统"的餐厅。那个年代，中苏两国的关系还未彻底正常化，用邓小平的话来说就是，两国应当"结束过去，开辟未来"。当年，来自苏联的顾客很少，厨师们便决定在我这位稀客面前露一手。他们为我准备了红菜汤和罐焖肉。但首先，他们先给我拿来了一个蒙着水汽的醒酒器和一瓶 1906 伏特加[1]，下酒菜则配了一小碟红鱼子酱，一块玫瑰黄油和一片新鲜出炉、还冒着热气的大列巴——一种外皮酥脆

---

1 编者注："1906"是一个伏特加酒的品牌。

的白面包。一小块儿掰好的面包皮殷勤地躺在鱼子酱旁边。我拿起那块儿面包皮，抹上黄油和大量的鱼子酱，简直像是堆了一座鱼子酱小山……然后将 1906 伏特加从"流着泪"[1] 的醒酒器中倒入酒杯……老天，真美妙啊。

哈尔滨大列巴沿用了一百年前的烤制方法：面团要用啤酒花自然发酵 11 个小时，而重量则一定要达到 2.5 俄磅（约为 1 千克），大列巴之"大"可见一斑。

哈尔滨的圣索非亚大教堂

1　编者注：若醒酒器事先被冰过，器皿上会起雾，看上去像流泪一般。在俄罗斯，如果酒杯或醒酒器"流着泪"，说明在喝酒的细节上做得很好。

如今，越来越多俄罗斯当代的面包类食品涌入中国市场，大列巴昔日的地位有所动摇，所以便将重点放在了"面包重量要足"上。大列巴保鲜时间长，我每次去哈尔滨出差都会带几个回家，当然还少不了当地的香肠、哈尔滨巧克力和鱼子酱。

　　你若来了哈尔滨，一定要去秋林购物中心的食品部购买大列巴。秋林购物中心是老哈尔滨最大的食品公司，拥有自己的面包坊、啤酒厂、茶叶分称包装厂、肥皂厂……甚至还有生产男女式帽子的工作室。新中国成立以后，所有这些都被收归国有，但"秋林"这一商标却被保留了下来，并且成为了现代哈尔滨的领军品牌。

　　"生活在中国的俄罗斯人"就是另外一个话题了：不仅涉及哈尔滨，还涉及上海、汉口，以及哥萨克人聚集的三河地区……但我们的俄罗斯同胞中最古老的群体当属阿尔巴津人。1685 年中国军队攻占阿尔巴津要塞后，一批远东开拓者来到中国，阿尔巴津人正是他们的后裔。俄罗斯人在中国生活的历史，中国东正教的历史，甚至我们两国之间的外交关系都是由他们开启的。

　　有一次，在与几个受过洗礼的老阿尔巴津人谈话时，我试图弄明白一个问题：除了东正教，他们还保留了哪些俄罗斯文化遗产？原来，还留下一道代代相传的菜。它就是苏泊汤——一种用白菜做成的汤，"苏泊"是俄语单词"汤"的谐音。

十三种动物

庞大的小兄弟

　　必须得详细地聊一聊中国的新年传统，而既然聊到新年了，那就不得不讲讲十二生肖了。我们就先从牛开始吧，把这庞然大物称为"小兄弟"还真有点难以启齿。

　　牛在中国的十二生肖中排行第二位，传说是因为，当初玉皇大帝举办生肖选拔大赛，牛本来是跑得最快的，但是机智的老鼠爬到了牛背上跟着牛一起跑，结果比牛抢先一步到达了玉帝的凌霄宝殿。这个轻信他人的"壮汉"就这样被狡猾的老鼠以计谋打败，于是便只能屈居生肖榜的第二位。

　　中国人非常崇敬牛。在这个农业大国，没有了牛，无法想象人们要怎样耕作，相应地，人民的生活也就更不可想象了。牛是人们忠实的朋友和得力帮手。正如中国作家鲁迅先生所说，牛吃的是草，挤出来的是奶。

　　勤勤恳恳、诚实正直的人有时也会被人们称为"可敬的老黄牛"，这是一种老说法了。

　　在中国南方，格外受到尊崇的是水牛。由于水牛喜欢在天气炎热时浸入齐鼻深的水中，因此它被视为掌管河流湖海的水神。

　　有些地方还可以看到公牛或者水牛的塑像。过去还有牛王庙，农人们向牛王祈求来年风调雨顺，五谷丰登。在颐和园就可以看到牛王的铜像。颐和园坐落在北京的昆明湖畔，曾是古代皇帝的夏季行宫。

画家们则喜欢在山水画中描绘公牛和水牛，而且画中的牛通常由一个小放牛娃牵引着。哲学家们将这个画面解释为"狂暴的天性服从于理性原则"，或者换句话说，这是一种对激情的抑制。

老虎

  在中国的森林里，不管是东北的针叶林，还是南方的热带丛林，恐怕都没有比老虎更凶猛的野兽了。但中国人喜爱并尊崇老虎。其实，务实的中国人民自古以来就是这样认为的：如果连我们都害怕老虎，那么恐怕恶鬼也会在它面前颤抖吧。正是由于这一缘故，许多中国母亲和祖母亲手为婴儿缝制的小帽子、小鞋子和小被子上都绣着虎头图案。在中国，过去婴儿用的小枕头也会绣成充满童趣的老虎的形状，虎头枕两端各有一个虎头，分别望向两个不同的方向。就让这古怪的玩意儿把一切邪祟都吓跑吧。

  如果说，在中国的动物寓言中，巨龙被奉为一切现实动物和神话动物之皇、地球统治者的庇护神，那么老虎则享有百兽之王的崇高称号。中国人认为，老虎前额上的花纹正好构成了一个"王"字。当然了，这得花点儿功夫仔细去看。老虎就像守护神一样，守护着每一个人，不分性别、年龄和地位。

  但在古代日常生活中，中国人却无情地消灭了老虎。中国四大名著之一《水浒传》中，主人公武松喝醉酒之后，便在景阳冈上赤手空拳打死了一只老虎，为附近的村庄

作者收藏的
婴儿虎头枕

除了一害。

一些药物以虎命名。虎标万金油据说就是由华人胡氏两兄弟最早在遍地香蕉和柠檬的新加坡开始生产的。给药物取这个名字并不是因为它与老虎的什么神秘功效有关，而是因为两兄弟姓胡，而"虎"恰恰是胡的谐音。

不妨读读蔡美儿的《虎妈妈的战歌》吧，这样你就知道望子成龙、望女成凤的中国母亲们如何培养自己的孩子。蔡美儿将一个普通的美国家庭与一个普通的中国家庭做了对比。

　　"下面这些是我从来就不允许女儿索菲娅和路易莎涉足的事情：在外面过夜；参加玩伴聚会；在学校里卖弄琴艺；抱怨不能在学校里演奏；经常看电视或玩电脑游戏；选择自己喜欢的课外活动；任何一门功课的学习成绩低于"A"；在体育和文艺方面拔尖，其他科目平平；演奏其他乐器而不是钢琴或小提琴；在某一天没有练习钢琴或小提琴。"——摘自《虎妈妈的战歌》。

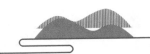

家兔野兔都是兔

家兔和野兔在中国统称为"兔"[1]，兔子在中国深受喜爱。兔年被视为吉祥年。兔子谨慎，理智，善于分析，这在中国人看来都是非常崇高的品质。它懂得规避风险，尽量不陷入冲突。

另一方面，被逼入绝境的兔子还能够自卫，因为它有爪子。即便是家兔也拥有锋利的牙齿呢。

摆脱敌人时，兔子会绕着圈跑，以此掩藏自己的踪迹，它总能骗过狐狸和猎犬。这在性命攸关的危急时刻可算不得是坏品行，相反，还是一种不错的能力。

"兔子软乎乎、毛茸茸的，不与世界上任何人为敌，所有人都喜爱它"——中国的一本介绍十二生肖的儿童读物里这样写道。书中还说，路上遇到兔子是一种吉祥的征兆。中国古代有"赤兔，王者盛德则至"的说法，即古人认为，红毛兔是一种瑞兽，若国家处于贤明君主的统治之下，国泰民安，它便会降至人间。

不得不说，中国民间传说中的兔子，与我们想象中的俄罗斯兔子实在是大不相同：我们的兔子要么穿着毛绒裤和斜领粗麻布衬衫，弹着巴拉莱卡琴，要么就是对

1　编者注：在俄语里，"家兔"和"野兔"是完全不同的两个单词，没有像中文里的"兔"这样的统称。

十三种动物

205

狐狸妹妹做各种恶作剧。

　　中国最著名的兔子非玉兔莫属。玉兔住在月宫里，和所有中国神话传说中的主人公一样，在那里"做苦工"：捣长生不老药。

　　民间手艺人还会用黏土捏制月亮上的那只兔子，玉兔手里还不忘拿着捣药杵和捣药罐。它们穿着古老的官服，固定在螺旋线上的一双长耳朵一摆一摆的，那模样有趣极了。

　　在中国农村，玉兔倒不怎么受宠，人们更喜欢兔儿爷。

兔儿爷也是用黏土捏制而成，涂着鲜艳的颜色，但外观更加简洁。

　　唉，遗憾的是，如今无论在中国还是在俄罗斯，不分国界的毛绒兔都渐渐取代了那些按照传统样式制作的兔玩偶。很难拿泥塑玩具来向孩子解释"民族认同"的重大意义——小时候，你给他玩美国和欧洲的小孩子们玩的那种兔玩具，等他们长大了，他们就会习惯于吃披萨和巨无霸，而不是吃馒头和包子。

　　传统的生活方式正在消失，随之消逝的还有狭窄的胡同小巷，吵吵嚷嚷的小商贩，磨刀人，说书先生……

　　我又一次陷入到某种怀旧的思绪之中了……还是让我们像野兔一样纵情地跳跃、玩耍吧！

　　狡兔三窟（狡猾的兔子有三个洞穴）是中国的一个成语。这个成语告诉我们要未雨绸缪，时刻为突发问题做好准备，寻找备用方案，总之，要积极地同命运作斗争。否则，在天敌如云的自然界，你以为兔子是怎么在险恶的抗争中生存下来的呢？

令人又爱又惧的神龙

在中国，龙的形象大概是最受欢迎的。建筑物的屋顶上、男女式的传统服饰上、广告手册和少儿动画片中，龙的形象无处不在。中国人对他们从未见过的龙有着惊人的喜爱。

然而，对于我们来说，龙却是十足的恶棍，是祸害娇小姐的怪物，因此才有了著名的屠龙勇士格奥尔吉的传说。传说中，屠龙勇士用长矛刺穿了喷火巨龙，还有其他一些类似的战斗情节。在我们的文化中，龙往往被视作反面角色，被当成"蛇妖"，我们甚至还把龙当作笑话来讲！

但对中国人而言，龙是自然之神力、强国之威力和中国本身的象征。龙在中国自古以来就饱受尊崇，已经深深地扎根于公众意识之中。

中国人骄傲地自称为"龙的传人"。

中国人对龙的崇拜古已有之，早在五千年前——神话君主尧舜二帝统治之初，中国古人就已经开始了龙崇拜。远在那个神话时代，龙就已经成为神威和权力的象征。而中国的帝王自然就被视为这一翱翔于九天之上，能够呼风唤雨的神兽的化身。

所以，古代帝王是真龙天子。许多外在的迹象都证实了这一点：皇帝的皇袍上绣着龙形图案，被称为"龙袍"，皇宫前的汉白玉阶梯被称为"云龙阶石"，皇帝划的船则叫"龙舟"。皇帝的宫殿里装饰着形形色色，姿态各异的龙纹、龙雕。在北京的紫禁城，还可以欣赏到九龙壁。

皇帝临幸妃嫔后，敬事房太监会小心翼翼地研墨，然后拿毛笔轻蘸墨水，在专门的册子上工整地记录道："某月某日某时，皇帝幸某妃，命其诞下龙种"——万一这个幸运儿真的不负众望，喜诞男婴呢。

古代中国人的家什、器具、武器和住宅全都饰以龙的图案。祭祀用的器皿、精巧奇异的拱形屋檐、盾牌和旗帜——处处皆有龙。

在中国的风水学中，青龙代表东方，白虎代表西方。龙是充满生机的阳气力量的真正代表。

云端的龙

　　中国古人常常梦见龙。就拿唐代大画家吴道子（约公元 680 年到公元 759 年）的《墨龙图》来说，这无疑就是令梦境跃然纸上的一次绝妙尝试：一双巨大的充满震慑力的龙眸穿透冰冷的云雾，而龙身则几乎完全隐藏在云雾之中……正所谓"神龙见首不见尾"。

　　画家在现实生活中真的见过龙吗？不见得……但是西格蒙德·弗洛伊德曾在书中谈过"古代的遗迹"——那些无法在做梦者的真实生活中找到合理解释的梦中意象。这位著名的人类心理分析学家坚信，有些记忆碎片是从祖先那里遗传下来的，也许是从与恐龙同时期的更古老的生物那里遗传而来，而这些记忆自然在人们的潜意识中留下了深刻的印象。

　　中国人所崇拜的龙千奇百怪。在古代中国神话传说中，龙生九子，九子形貌各异，秉性也各不相同。庄稼人听到春雷，会说这是"龙抬头"，也就是说，该开始干农活了。而如果久旱不雨，庄稼干枯，那则意味着该去舞龙祈雨了——传说龙能降雨，民间遇旱年常拜祭龙王祈雨。人们身穿各色彩衣，舞起各色大龙。舞者持竿撑起布制的"龙身"，随巨大的龙头像蛇一样蜿蜒舞动，龙口大张着，露出锋利的牙齿，正铆足了劲儿想要抢夺前方的彩珠（也叫彩球）。这一舞龙形式也称为"双龙戏珠"。毕竟，龙偏爱珍珠嘛。

小龙

中国人有时候将蛇称为小龙，而这也是接下来我们要说的一个生肖。

蛇是非常受中国人崇拜的一种生物。也许是因为它栖息在地下深处，在那些神秘的洞穴之中……

蛇五行属阴火，所属方位为东南，季节为孟夏，代表时辰为上午9时至11时。1929、1941、1953、1965、1977、1989、2001和2013年出生的人可以把自己算作"蛇年人"。当然，每次都得弄清楚农历年是从什么时候开始的。

蛇在东方象征智慧。

中国人都爱马，爱它跑得快，对人好。

传说，马曾有两翼，被称为"天马"。天马能在地上跑、水里游、云间飞，并因此获得了中国神话中的万神之首——玉帝的信赖，成为御马。最终，马也正是因为身居高位，变得骄横跋扈，让自己陷入了不好的境地。传说中，马在天庭横行霸道，惹是生非。这个胡作非为的畜生从天庭飞到了东海龙宫，跟守卫龙宫的大神龟和虾兵蟹将们打了一架，把神龟踢死了。玉帝对马忍无可忍，没有饶过马犯下的错，下令永久削去马的两翼，将它囚禁在昆仑山三百年。传说中的人类始祖便是在这里发现了马，而后，马一直为人类效力直到今天。

中国在西周（公元前1046至公元前771年）时期便有了祭祀马的庙宇，人们可以在这里向这位跑得快的朋友表达感激之情，向它供奉祭祀的果蔬。中国第一座佛教寺院便是为了纪念那匹驮载着佛像和佛经、跟随佛教僧人来到中国的马。公元68年在汉代都城洛阳建立了白马寺。

英雄通常都骑着马，三国时期的名将关羽，这样一位"中国的罗宾汉"和他忠实的朋友刘备便是如此。而在中国（延安）革命纪念馆长期存放着一匹毛泽东骑过的白马的标本。马是中国俗语、成语中的常见形象。比如，人们用"千军万马"来形容所向无敌的军队，而尽心尽力地工作通常会让人联想到"汗马功劳"。"立即"一词翻译成汉语叫作"马上"。虽然舞狮和舞龙广为人知，但在集市游园会上经常会有一些演员穿专门的演出服表演马舞。

中国人不吃马肉，所以我就没必要为大家找相应的食谱了。要的话，请向长城以外的游牧民族去讨要吧。

菜地里的三只羊

公山羊、公绵羊，汉语里都叫"羊"，用的是同一个象形文字，从这个字的字形就能猜到，这一偶蹄目牛科动物的显著特征便是那两角了。这个字还能指母绵羊，母山羊……所以，莫要再愁这个生肖的叫法啦，毕竟公绵羊自个儿可绝不会因为别人叫它母山羊或者母绵羊而感到被冒犯[1]。它不是傻，就是心善罢了，这一点天朝的谚语里可都写着哩。

羊怎么就能享有如此高的评价？羊之于中原百姓，好比那普罗米修斯之于地中海居民。只不过，古希腊英雄为人类取来的是火种，而中国的神羊为东亚人民盗来的是玉帝天庭的五谷。有猜测说，羊想以此转移古代猎人的注意力，令其不再残忍捕猎而致使动物灭绝。无论如何，羊让人类自己种植食物的算盘是打着了。

然而，玉帝对此大怒，将神羊贬下凡间，令其永世为人类效劳。没想到，这个动物就算在人间也尽显其至善超凡，将自己的肉和毛都赠予了人类。

顺便说一句，科学家们认为，山羊早在7千到1万年前就被驯化了，完全可以争一争"人类最古老的朋友"

1　编者注：在俄语里，"山羊"一词也可用来骂人。

这一头衔，尤其是对那些从事游牧业和畜牧业的民族而　神羊

言。不过，农耕民族喜欢饲养的是那无需大片牧场，稍

微喂点儿就能吃饱的绵羊。

　　中国人自古视羊为和平、安宁的象征。怪不得寓意

吉祥的"祥"字便是由"礻"和"羊"两部分组成。可见，

在人们的观念中，这种动物仅凭外形就能让人产生非常

积极的情绪。

　　崇尚道德的儒家早在古代就发现了羊的诸多美德，

称"羔食于其母，必跪而受之"。这样的画面又怎不令

人动容？中国风水师将"羊"和它的同音词"阳"联系

在一起，后者在阴阳二元论中代表光、热、雄性之源。羊在道教哲学家庄子看来是通达的形象。

民间艺术中常常会用到三只羊的形象，因为"三羊开泰"的含义便是"三只羊预示着平安顺遂"，寓意一帆风顺，万事大吉。精明的广州人给自己的城市取了个别名"羊城"，以求商运亨通。事实也正如他们所愿。

本人就生于羊年，最爱的动物便是羊，不过是绵羊，不是山羊。

孙悟空的侄子

在中国，孙悟空是男女老少们的最爱。每逢猴年将至的时候，中国各地到处都是这位调皮猴王的身影，这自是少不了经典名著《西游记》同名电视剧的功劳。孩子们挥舞着用木头、卡纸和塑料做成的如意金箍棒。而真正让孩子们"如意（实现愿望）"的，通常是他们的爸爸妈妈、外公外婆、爷爷奶奶。

事实上，人们对猴的态度是矛盾的。一方面，从科学的角度来看，所有人都是灵长目的近亲，而另一方面……中国人喜欢把"龙"认作正式的祖宗。

不过，猴子狡猾、善骗、长于顺手牵羊，却又分明和某些人一样！

偷吃了蟠桃园寿桃的孙悟空变得长生不老，天上各路神仙纵然大怒，但也拿这泼猴一点办法都没有。一手抓桃的猴子是民间艺术和日历上的常见图案。

在最危难的时刻，孙悟空总是抓抓耳，挠挠腮，于鬼脸嬉笑之中力挽狂澜，扭转乾坤。猴王正义感满满，勇敢无畏，是个好同志。但孙悟空的恶作剧偶尔也会连累各路神仙和它的同伴，甚至他自己。他还有着极强的自尊心。

总的来说，中国人是爱笑的。俄罗斯要是有这么多人口（不管怎样，中国人口都超 14 亿了），准把所有人骂个底朝天，

受人崇拜的
猴子

再喝个酩酊大醉。而中国人却笑呵呵的。

圣人孔子爱在自己的教义中穿插讽刺的桥段，禅宗教徒们则将各种滑稽荒诞的场景写成文章，因为在禅宗看来，笑是顿悟禅理的表现。

中国人很爱国。难怪书写中国的"中"字是在方框中间从上往下画一条长线，意在表达"在这美丽的四方世界，我们居于中心之位"。

中国人的幽默（和所有其他外国人的幽默一样）很难搞懂，通常也没法搞懂。我们不妨来聊聊传统的表演艺术——相声，它翻译过来是"一个捧哏，一个逗哏"的意思。通常是两位先生上台，然后一口北京话开始噼里啪啦说个不停，说得声嘶力竭，逗得观众们哈哈大笑。

想看到真正的猴子，得去湖北的神农架自然保护区，那里有金丝猴。金丝猴和大熊猫是中国双宝。在采取了一些保护措施以后，最近20年来，中国境内金丝猴的数量从500只增长到了近5000只。

中国有一道菜叫"猴头"，不过它不是你们想的那样，它是用一种特别的蘑菇——猴头菇，佐以香料，烹饪而成的。人们认为猴头菇有治疗多种疾病的功效，也正因为如此，它贵得很。

中美鸡肉大比拼

　　写过《桃花源记》的诗人陶渊明曾说过，偶遇客人，要为其"杀鸡作食"。我们就借这个由头来聊聊中国养殖场最受尊敬的一个动物——公鸡（或者母鸡，在汉语里它们被统称为"鸡"）吧。

　　公鸡，顾名思义，代表雄性，是生机、活力与阳气的体现。鸡也是守护者。公鸡可以轻轻松松消灭蝎子、蜈蚣等害虫，也就成了中国人眼中镇宅护幼的保护神。

　　一些地方还保留着用公鸡驱邪的风俗。雄鸡图案的版画、杂志剪纸经常被农民用来装饰房子。若是问屋子的主人，这些图案是做什么用的，他们多半会回答，就图个漂亮。

　　传说，勇士刘武周（公元7世纪）的父母在生他前曾有一天静坐在炉灶旁，忽然一只身披神光的雄鸡飞入房中，此后，刘武周的母亲便怀了孕，生下了这位勇士。为纪念刘武周，一些带有雄鸡图案的版画上往往能看到"英雄气概"的题词。这种带有寓意的图案也常常会被贴在小男孩的摇篮上。

　　在中文里，"鸡"和"吉"是谐音。

　　据编年史记载，"中原之国"在3000多年前便已开

鸡年发行
的邮票

始养鸡。中国古人爱养鸡可不是出于对艺术的热爱（尽
管也有像极乐鸟一样的观赏性品种），而是为了填饱肚子。

现如今，尽管肯德基的门店已经开遍了中国的大街
小巷，大多数中国人还是习惯吃用传统做法做出来的鸡。
中国各大菜系都少不了鸡肉。例如，广东的盐焗鸡就很
受欢迎，做这道菜需要先将鸡肉用各种独特的调料腌制，
然后焖制而成。

我们接下来要做一道四川鸡肉——宫保鸡丁。人们
普遍认为这道菜是我们之前曾提到过的清朝（公元 1636
年至公元 1912 年）四川总督丁宝桢发明的。据说，这位
享有"宫保"头衔的忠仆是一位大美食家。这位宫保有
一日突发奇想，在做鸡肉的时候没用蘑菇和竹笋这两种
当时常用的食材，而是用了花生米和辣椒。结果怎样了
呢？请看下一页。

宫保鸡丁

　　尽管宫保鸡丁是四川菜，但中国各地的人都爱吃，都爱做。这道菜早已成为中国的传统名菜，也是所有老外到中国必尝的一道美食。

　　我们需要以下食材：

① 鸡胸肉 400 到 500 克

② 葱 1.2 到 2 段

③ 干辣椒（可用新鲜辣椒代替）4 到 5 个（视个人吃辣情况而定）

④ 四川麻椒粒 1 茶匙

⑤ 姜 30 克

⑥ 大蒜 3 到 4 瓣

⑦ 盐

⑧ 糖 1 汤匙

⑨ 玉米淀粉或面粉 1 汤匙

⑩ 米醋 1 汤匙

⑪ 米酒 2 到 3 汤匙

⑫ 酱油 2.5 到 4 汤匙

⑬ 芝麻油若干滴

⑭ 豆瓣酱（或生抽）0.5 到 1 茶匙

⑮ 花生米 50 到 70 克

第 **1** 步:

将鸡肉切成边长为 3 到 4 厘米的小丁, 放入盆中。

第 **2** 步:

加面粉（1 汤匙玉米淀粉）搅拌均匀。

第 **3** 步:

加 1.5 汤匙酱油, 继续搅拌。

第 **4** 步:

入热锅前调汁。取 2 汤匙酱油、1 汤匙米醋、半茶匙豆瓣酱、1 汤匙糖、2 汤匙水和几滴芝麻油, 调成汁放至一旁备用。

第**5**步：

将干辣椒切成 1.2 到 2 厘米长的大段。如果你用的是干辣椒，一定要去籽，不然到时候你可能会觉得自己是一条喷火龙。将生姜剁碎，大蒜切片，葱白切成 2 到 2.5 厘米长的小段。

第**6**步：

将锅烧热。加入植物油，让油润满锅底。

第**7**步：

将干辣椒倒入油锅中，煸炒至油微微泛黄。我们要做的就是将油炒成辣椒油。

第 **8** 步：

加半茶匙到 1 茶匙麻椒继续翻炒。

第 **9** 步：

鸡肉下锅，快速翻炒几分钟。

第 **10** 步：

鸡肉变色后，加 2 到 3 汤匙米酒，大火继续翻炒。

第 **11** 步：

下蒜片、姜末，大火煸炒 30 到 40 秒。

第 **12** 步：

加入葱白，快速翻炒。

第 **13** 步：

鸡肉快熟的时候（用不了多长时间就能熟，毕竟油和热锅能创造奇迹），倒入调好的料汁，搅拌均匀。

第 **14** 步：

加花生米翻炒。炒 30 到 60 秒后关火，倒入盘中。

看起来，整个烹饪过程需要 10 到 15 分钟，但实际并不是你看到的那样。中国菜之所以出名，有很重要的一点就是"快"，因为通常都会用到热锅和大火。

穷人菜端上富人餐桌

在聊宫保发明的那道御膳前，或许，我们可以先来聊一道更贴近我们老百姓的菜——叫花鸡。传说，它是某个无名流浪汉在几百年前发明的。把刚偷的鸡带到远离村庄的一处僻静地，拧断它的脖子，再从下面挖个洞（可以用刀），去除内脏，带毛涂上泥巴用火烤。待泥干后连毛剥去泥壳，便可手捧着那香嫩嫩的鸡肉大快朵颐了。的确，现在的厨师在制作过程中还会加上一些调料。

鄙人曾对这个叫花鸡由来的说法一直深信不疑，直到有一天我去卡塔尔首都多哈出差，翻开当地一家餐馆的菜单，竟然在那里发现了一模一样的泥裹鸡！鉴于这个意外的发现，可以猜测，泥裹鸡很有可能是被古代的波斯流浪艺人沿伟大的丝绸之路带到了中国。

不管怎样，在北京的长安壹号可以吃到叫花鸡。这是一家设在君悦大酒店一层的小众高级餐厅，富丽堂皇，主打的是老百姓家常菜。在这里，这道流浪汉的菜摇身一变，成了富人菜。而那把敲碎硬泥壳的锤子，通常会被客人中的头号人物拿到。

鉴于做这道菜需要花费额外的时间和气力（"偷鸡""挖土"），还请各位早早预定（只是玩笑！）。

怪味鸡

　　有些中国菜的菜名常常会让人摸不着头脑，比如怪味鸡，翻译成俄语是"带奇怪味道的鸡"。这是一道川菜，不仅在中国西南部的四川省广为流传，也是与它相邻的重庆市的一道名菜。

　　怪味鸡做起来很简单，最难的无非就是准备调制怪味汁的食材。

　　我们需要以下食材：

① 鸡肉 500 克
② 芝麻油 2 汤匙
③ 葱（视个人口味添加）
④ 糖 1 汤匙
⑤ 辣椒 2 到 3 个（或 1.5 到
2 汤匙辣椒油）

⑥ 芝麻 1 汤匙
⑦ 酱油 4 汤匙
⑧ 黑胡椒粉（视个人口味添加）
⑨ 米醋 1 汤匙
⑩ 芝麻酱 1 汤匙

第 **1** 步：

将鸡肉煮至全煮。为了增加它的香味，通常会在汤里加入 1 滴芝麻油、1 汤匙酱油，再撒上点辣椒粉。将鸡肉放凉（毕竟这是一道凉菜），切成若干份，去骨。中国有些餐厅会直接连着骨头一起上这道菜。值得一提的是，味道一点也不比去骨的差。

第 **2** 步：

接下来便是小菜一碟了。在碗中加入 2 汤匙芝麻油、葱末、1 汤匙糖、剁辣椒（或辣椒油）、芝麻、3 汤匙酱油，撒上点儿黑芝麻粉，再加入 1 汤匙米醋、1 汤匙芝麻酱，搅拌均匀。

第 **3** 步：

将鸡块装入盘中，再淋上一大碗调味汁。

这道菜的味道和气味都很特别，毕竟怪味鸡这名字可不是白起的。

狗狗的生活

　　前段时间，北京第一家狗餐厅开业了。有人说，这在中国首都应该算不上什么新鲜事儿。

　　狗餐厅和狗肉店完全不是一码事。这是一种狗狗主题餐厅，是说只有带狗的主人才能进店。幸亏门上没有那种表示"禁止人类进入"的标志——用红线把人形划掉。

　　现如今，北京已经开了好几家狗狗餐厅、狗狗咖啡馆了。狗狗们能和主人享有同样的地位，一同进店。"宝贝儿（这里的爱狗人士通常这么叫自己的宠物）"能尝到为它量身定制的营养美味，尽情享用狗狗的专属饮料。据狗主人所言，专业的"狗狗"大厨们会根据顾客的口味、年龄和体型准备食物。最受顾客欢迎的食物是软骨、煮糖骨和奶酪肉。所有佳肴一定都是用一次性盘子端上去的。

　　北京甚至有了狗狗照相馆，主人们可以在这里给自己的狗拍婚纱照、超模时装写真、沙滩棕榈树下的泳装照……还可以拍下宠物戴墨镜的样子，再写上一句调侃的话："我们的黄黄是混黑社会的。"给宠物狗买衣服的也大有人在。没有哪位爱面子的爱狗人士会带一条不穿衣服的狗走上北京街头。除了冬天常见的毛皮大衣和

守护家园的
陶狗俑

保暖披肩，还有锦缎做的民族服装，上面通常绣有"寿"和"福"这种特色汉字。圣诞老人装、米老鼠装、唐老鸭装也很受欢迎。

　　穿得漂漂亮亮的狗，自然全身上下都得收拾得美美的。临近狗年，狗狗理发店的档期都排得满满当当。那些没能为自家小朋友约上剪发和烫发的狗主人只能去超市买狗狗洗发水了，好在洗发水的种类越来越多。若想获得"狗狗的幸福生活"的各类资讯，那些绚丽多彩的海报会建议你登录中国的相关主题网站。

这些都是新的时尚潮流。而在中国传统文化中，狗象征着忠诚、勇敢、忠于职守。据说，中国的生意人家里会养狗，因为狗叫声和"旺"同音。呃……嗯，好吧。

在中国古代有关梅山七圣的传说中，通常会看到一个凶神恶煞的天狗形象，它形如白象，铜头铁颈。然而，天狗到了日本神话传说中，就变成了一个红脸男人，很多人都是通过表情包认识的他。

按照传统，若是大年初三在街上遇到了凶神恶煞的赤狗，便预示会有各种霉运。在中国民间传说中，赤狗是熛怒之神。在古代，人们都忌讳在这一天去拜年做客，甚至都足不出户。我们也可以猜测，人们之所以想出这赤狗的传说，是为了能在连轴转的新年宴席中休息一番，然后才能有力气拿起筷子继续吃吃喝喝。

家畜之王

俄罗斯人常常在新年前发愁：穿什么衣服呢？准备什么菜呢……发明了十二生肖的中国人才不会关心这些问题呢。在中国，没人会在猪年前夕喊着："让猪上桌？绝对不行！猪会发脾气的[1]。"

无论是节日，还是平时，猪在中国人心中都享有崇高的地位，因为中国人都喜欢猪。中国自古就称猪"全身上下都是宝"。随便走进一家饭馆，瞟一眼菜单：咕咾肉、鱼香肉丝、百叶、东坡扣肉，还有那大运河畔的酱肘子！那切成丝的猪耳朵，简直是人间美味！当之无愧的家畜之王……

1　译者注：这句话出自阿纳托利·拉缅斯基创作的俄罗斯儿童诗歌《猪发脾气了……》
野兽们，过节了，
猪却没被邀上桌！
大家对它很不满，
它把橡实吃光了，
大家的橡树受伤了，
百年的橡树枯萎了。
森林之民受够了它，
猪却尖叫道：
"是橡木对我太粗鲁！"
猪不应该发脾气，
肯定有人邀请它，
把它叫作"小冷盘"
佐着伏特加吃掉它。

你们去问问中国人，猪在他们心目中的形象是怎样的，他们会说：猪是非常聪明谨慎、善良慷慨的一种动物。

猪整体而言都是以正面形象在中国民间传说中出现的。在中世纪经典名著《西游记》里，猪八戒和聪明的孙悟空一次又一次救主人公唐三藏于水火之中。

猪年在中国不含任何贬义。我们不妨看看《万事问周公》这本书。周公说，猪年诸事大吉。猪年工商业兴旺发达，不受贸易制裁影响；人们不受拘束、交谈融洽；猪宝宝们积极进取、福星高照。作为《健康美食》等烹饪书籍的宠儿，猪让整个餐桌变得丰盛而赏心悦目。让我们都做一个热爱生活的人，让那些厌世和烦闷的情绪都一边去！从新年开始，向彼此致以美好的祝愿，互赠礼物，像猪翻找橡子一般去翻寻礼物！不要害羞，请穿出自己最华丽的衣服，没有珍珠宝石，就用亮带水钻代替，最重要的是知足常乐！

不过现在，只能等着下一个猪年——2031 年的到来。

回锅肉

  回锅肉是一道妻子迎接丈夫回家的菜。无论是出差，还是早上悄悄离开您去上班的丈夫，回来都会乐意看到您做的这道菜。当然，听起来似乎男厨师们就不能在这道菜上大显身手了。

  回锅肉是一道经典川菜，指的是再次回锅烹调后的肉，或者是需要烹调两次的肉。

  我们需要以下食材：

① 五花肉 400 克
② 蒜苗（或大葱）2 到 3 根
③ 豆瓣酱 1 汤匙
④ 盐
⑤ 米酒 1 汤匙
⑥ 酱油 1 茶匙
⑦ 甜面酱 1 汤匙
⑧ 豆豉 1 汤匙
⑨ 小葱 1 把
⑩ 姜 30 到 40 克
⑪ 四川麻椒半茶匙

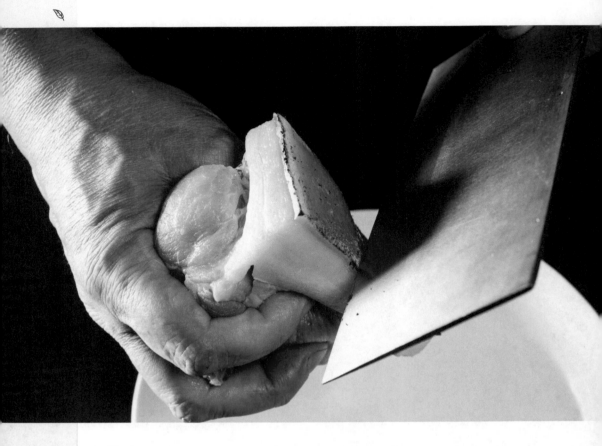

第 **1** 步：首先须将肉（带皮一侧）放在明火或者烧热的平底锅中烧一下。

第 **2** 步：然后将肉放入沸水中，锅中加入葱、姜和半汤匙四川麻椒。盖上锅盖，煮 20 分钟至肉半熟。

第 **3** 步：将肉从锅中捞出，放砧板上切成（半透明）薄片。重点在于肉片上需带有肥肉。

第 **4** 步：大火将炒锅烧热，加入植物油。

第 **5** 步：加入肉片，大火翻炒。

第 **6** 步：炒至肉片边缘微卷，加入 1 汤匙豆瓣酱，翻炒均匀。

第 **7** 步：加入 1 汤匙甜面酱。

第 **8** 步：加入姜末（约 30 克）和 1 汤匙豆豉，翻炒均匀。

第 **9** 步：将蒜苗切成 2 到 3 厘米小段，白色部分加入肉中，翻炒均匀。

第 **10** 步：再加入少许盐，1 茶匙酱油，1 汤匙米酒，炒匀。

第 **11** 步：最后的点睛之笔：将剩下的（绿色）蒜苗加入肉中，翻炒均匀，再关火装盘。

十三种动物

241

鱼香肉丝

鱼香肉丝是一道经典川菜。

菜名翻译成俄语以后，读起来非常奇怪。传说中，一位厨师不小心将做鱼的调料撒到了肉菜上，便有了这道佳肴。

我们需要以下食材：

① 猪里脊肉 300 到 350 克
② 木耳 8 到 12 个 视木耳大小适量添加
③ 竹笋（新鲜的或腌制的）2 到 3 个
④ 胡萝卜半根
⑤ 青椒 1 个
⑥ 小米椒 1 到 2 个
⑦ 姜 20 克
⑧ 大蒜 2 到 3 瓣

⑨ 小葱（摆盘用）
⑩ 米酒 4 汤匙
⑪ 酱油 3 汤匙
⑫ 陈醋 2 汤匙
⑬ 盐
⑭ 糖 20 克
⑮ 白胡椒粉
⑯ 鸡蛋 1 个
⑰ 玉米淀粉 2 汤匙

第 **1** 步：

将肉切成 5 到 7 厘米长，0.5 厘米厚的丝。

第 **2** 步：

将切好的肉丝放入碗中，加入少许盐和白胡椒粉、1 汤匙酱油、2
汤匙米酒，搅拌均匀。

第 **3** 步：

肉中加入蛋清，搅拌均匀。

第 **4** 步：

加入 1 汤匙玉米淀粉，抓匀腌制 20 到 30 分钟。

第**5**步:

胡萝卜、青椒、竹笋切成5厘米长的细丝。

第**6**步:

木耳切成细条。

第**7**步:

准备煎肉用的酱汁。往碗中加入20克糖、2汤匙酱油、2汤匙米酒、2汤匙陈醋、1汤匙玉米淀粉,搅拌均匀。

第**8**步:

炒前先将香菇、胡萝卜、辣椒和笋放入正在加热的盐水中,这样能帮助保持食材色泽,提升口感。待水沸腾20到30秒后,将食材捞出放入沥水盆中。

第 **9** 步：

大火将炒锅烧热，加入大量植物油，然后下肉翻炒均匀。

第 **10** 步：

肉煎至全熟后，放入碗中。

第 **11** 步：

再次用大火烧热炒锅，加入植物油。

第 **12** 步：

将蒜末、姜末、剁碎的小米椒放入锅中翻炒。

第 **13** 步：

待蒜稍微泛金黄色，加入 1 汤匙豆瓣酱，翻炒均匀。继续翻炒至肉丝包裹上豆瓣酱的红色。

第 **14** 步：

将肉倒入锅中，翻炒均匀。

第 **15** 步：

肉收汁时，往炒锅中倒入胡萝卜、辣椒、木耳、竹笋。重点是不要在火中炒太久，要保证炒出来的蔬菜口感酥脆。

第 **16** 步：

炒锅中加入鱼香汁（酱油、醋、米酒、糖和淀粉调成的汁），继续搅拌。

第 **17** 步：

汤汁变黏稠（主要靠玉米淀粉）后，关火装盘。一道鱼香肉丝就做好了。

鼠

虽然老鼠连家养动物都算不上（然而肯定能算是一种家害），但我们可绝不能漏了这号角色。

"硕鼠硕鼠，无食我黍……"从中国古代诗歌总集《诗经》（最初起源于公元前11世纪的民间歌谣，传说由孔子编订）的这几句诗中便足以看出，中原百姓对这怎么灭都灭不掉的啮齿动物，抱有怎样的坚定态度。

作为靠天吃饭又几乎总是吃不饱的农耕民族，中国人过去打心底里讨厌这群灰色强盗，因为它们无处不在，不是在地里，就是仓库里，一心想要偷光人们精心种植的大米等谷物。中国人对老鼠可没什么好态度，一些学者将剥削劳动人民的人称为大老鼠，这些贵族官吏不就如同老鼠一般，夺走了农民辛辛苦苦生产的粮食吗？

这群啮齿动物的负面形象过于深入人心，以至于中国在很长一段时间内都不敢将老鼠印在逐年发行的贺年生肖邮票上。小小的邮票上印过象征统治者的龙，为人类服务的猪和鸡当然也榜上有名，人们甚至心甘情愿为那看似恶毒的蛇与虎发行邮票，却偏偏对鼠下了禁令。

直到农村改革开放，人们的温饱问题得到改善以后，中国才在1984年发行了鼠年邮票。1996年第二轮鼠年

歇后语"老鼠拉龟——无从下手",表示事情很难,几乎无法完成。

邮票发行,老鼠以色彩鲜艳的民间木版画造型亮相。

自相矛盾的是:既然对中国人而言,没有比老鼠危害更大的生物了,那鼠又为何能在十二生肖中占据一席之位呢?而且,还是排在首位,它后面跟着牛、虎、兔、龙、蛇、马、羊、猴、鸡、狗、猪。

原因就在于中国人对鼠非常崇拜。在中国,除了老虎,没有一种牲畜能得到"老"的尊称,而鼠却被称为"老鼠"。老鼠到处为非作歹,害人挨饿。说起历史上的鼠灾,便不得不提到,多年前洞庭湖周围曾遭遇到的一场大规模老鼠侵袭。洞庭湖是中国最大的湖泊之一,一场大水淹没了湖上的岛屿,滋生了成千上万只老鼠,它们成群涌向农田,疯狂捣毁和啃食沿途的一切。据政府报道,约 20 亿只老鼠参与了这场"破坏战争",大概 7000 到 8000 万只老鼠被歼灭。另外,有人认为,这场极具毁灭性的洪水就是由老鼠引发的,因为这群啮齿动物四处打洞,鼠洞密布,造成防护堤疏松崩塌,洪水爆发。

在中国不同地区,老鼠还有"子神""社君""夜磨子"等雅称。显然,中国农民是怕把这个坏蛋的名字叫得太普通了,给家里招灾。俄罗斯农民也一样,他们在灶旁说鬼故事的时候,一会儿把那森林的主人(恶熊)称为"走内八字路的笨笨",一会儿又称它为"踏着沉重脚步的剽悍哥"……看来,被吓得不轻。

在中国民间传说中,老鼠这小家伙可狡猾得很,而它也正是凭借着偷奸取巧的本事挤到了其他野兽前面。据说,玉皇大帝在选十二生肖时,举办了一场类似奥运会的动物大会,看谁能第一个跑到、跳到或者游到终点。最后一关是要渡过一条大河,鼠便爬到了牛的背上,牛虽然身强体壮,却憨厚老实。这不,鼠在和牛一起抵达岸边后,纵身一跃,跳到了玉帝面前,喊道"我是第一"。这般机智聪明的老鼠,又如何不令人崇拜?

还有一种说法是,老鼠创造了我们赖以生存的世界。传说,天地未分之时,宇宙一片浑沌黑暗,老鼠靠着尖锐的目光爬到了世界尽头,在那咬出一个口子,光便倾泻而出!

在中国的童话故事中,这些灰色的啮齿动物爱囤粮、勤奋、警惕性高。由此，便有了老鼠钥匙扣。过去人们用这些钥匙扣将钱包、文具和其他小物件别在腰间。这些钥匙扣上通常挂着老鼠和铜钱串的雕像，是用木头或者骨头雕刻成的。

黑暗角落里老鼠的吱吱声好似纸币哗哗作响的声音，汉语里这个声音叫"窸窸窣窣"，民间甚至常有"鼠数钱"的说法。

把猫给丢了

对于中国这样一个农业大国而言，猫自然是大有裨益的，但中国人却未对它推崇备至，甚至都没将它选入十二生肖。

对此，中国民间说法不一。有一种是说，猫和鼠去见玉帝前，都坐在牛背上过河，狡猾的老鼠把猫推进了河里。等到猫好不容易爬上岸，来到玉帝面前时，十二生肖已经排满了。自那以后，猫和鼠便一直斗个你死我活。

同样是猫科动物，猫却未能像更为威严的狮子、老虎那样成为守护神。自古以来，中国人都会在宫殿和寺庙大门旁摆放一对威严的石狮或铜狮，将虎头图案绣在孩子的鞋帽上，以此辟邪驱鬼。

在中国南方，猫被视为一种招福的动物。甚至有一种非常受欢迎的猫咪壶，一般做成蹲坐在地上、招着手或抱着鱼的小猫咪式样，被称为招财猫。

关于中国猫的起源，有一种不太靠谱的说法，貌似是说古埃及人直接将猫带到了中国。中国和埃及可不是邻居，想必，还经过了波斯吧。

后来，中国古代便有了尚未被驯化的猫。《诗经》（公元前 11 世纪至前 6 世纪）中猫与熊、虎相提并论[1]，可见猫在当时还属于猛兽，而后在西汉（公元前 202 年至公元 8 年）编年史中提到的猫已经是被驯养的家猫了。

---

1 译者注：《诗经》中的《大雅·韩奕》中写道："有熊有罴，有猫有虎。"

救命汤

有时候，看着一伙喝醉的人，我们会感到同情："他们都这样了，还怎么回家！"但过不了多久，这群醉鬼就跟挥了一下魔法棒似的，突然就清醒了过来，至少够他们站着走上出租车了。

而在中国，这样的魔法棒就是一碗酸辣汤。"酸辣"在英文菜单中的翻译是 Hot and Sour（酸和辣）。酸辣汤能让所有吃进去和喝进去的东西处于一种相对和谐的状态，而这一切多亏了它的主要成分：米醋、鸡蛋、豆腐和淀粉，它们能够帮人醒酒，且易吸收、助消化。酸辣汤是检验厨师手艺的试金石，汤的黏度、酸度、辣度都得刚刚好。要做到这一点可不容易，而且也常常做不到。这味灵药的配制比例和方法就在后面。

酸辣汤的民间配方可能会有一股轻微的酸腐味（呃，这也分人，有的人就吃不出来！），这种味道一般是汤中的调料（米醋）发出来的。这种汤是红褐色的，因为有醋、酱油和辣椒。记得提醒服务员，说你不喜欢喝太辣的汤。表情要夸张点，看着他们的眼睛说："不要太辣的！"如果这汤对您来说还是太辣了，那就稍微往里面泼点米醋。总之，放心大胆地实验吧，中国菜给了厨师和食客足够的"共同创作"空间，而酸辣汤也不例外。

酸辣汤

酸辣汤是一道传统川菜。

和其他川菜一样，酸辣汤早已在中国人的饭桌上占据一席特殊的位置。这道菜有着米醋的酸、辣椒油的辣，口感略微黏稠，正逐渐演变为盛宴上的最后一道佳肴。

我们需要以下食材：

① 豆腐 100 克
② 瘦肉 50 克
③ 鸡蛋 2 个
④ 米粉 10 克
⑤ 木耳 8 个
⑥ 香菇 3 到 4 个
⑦ 植物油
⑧ 盐半茶匙
⑨ 黑胡椒粉

⑩ 米醋 3 汤匙
⑪ 姜 20 到 30 克
⑫ 玉米淀粉 10 克
⑬ 酱油 2 汤匙
⑭ 香菜（用于上菜时的点缀）
⑮ 洋葱或大葱 30 克
⑯ 高汤 400 到 500 毫升
⑰ 辣椒油 1.5 汤匙

第 *1* 步：

将肉、香菇、木耳、豆腐分别切成细丝。

第 *2* 步：

米粉放入热水中泡软，撕成 4 到 5 厘米长的小段。

第 *3* 步：

葱姜切成碎末。

第 *4* 步：

大火将炒锅烧热，加入植物油，爆香葱姜末。

第 *5* 步

加肉翻炒。中国很多餐馆都用香肠或者火腿来代替肉。有些厨师还喜欢往这道菜里加鸭血。考虑到鸭血这种食材很难在俄罗斯商店找到，我们就不用它了。

第 *6* 步

加入香菇，翻炒炒匀。

第 *7* 步

倒入高汤，煮至沸腾后加少量水。

第 *8* 步

下米粉、豆腐和木耳。

第 **9** 步

汤煮沸后，淋入玉米淀粉调成的芡汁，来增加汤汁的黏稠度。若汤不够浓稠，可再加入少量芡汁。

第 **10** 步

将汤再次煮至沸腾，加入米醋和酱油。

第 **11** 步

碗中打散两个鸡蛋，将蛋液慢慢倒入汤中，并不断搅拌锅内食材。

第 **12** 步

加入胡椒粉、辣椒油。

第 **13** 步

关火，加香菜点缀后便可上菜。

上菜时，需要用深一点的大碗盛酸辣汤。这种碗比起汤碟来更像是大沙拉盘，碗旁边还得放一个大勺，这样桌上的人就都能往自己的小碗里舀酸辣汤了。

你们以为中国人都一个样，北方人和华东地区的人没有任何区别吗？不，他们的差异大着呢。说的话不一样，身高、体型、气质都不一样。比如北方人爱饭后喝汤，而东部则一开始就把汤端上了桌。

不同地方的汤也不一样。如果您看到酸辣汤名字中的"辣"字就避而远之，不妨看看菜单里有没有西湖菜汤。这种汤和酸辣汤类似，但口味清淡，是用长在西湖里的莼菜做成的。西湖以景美著称。中国有句玩笑话"生

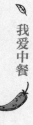

在苏州，长在杭州，食在广州，死在柳州"。苏州有那美丽的古典园林，可以带着孩子一起逛；杭州有风景宜人的西湖和那做汤用的莼菜；南方的广州以点心闻名；而柳州位于多山的广西壮族自治区，盛产上好的木材。

在旧中国，一口坚实又防潮的棺材是孝顺的儿子送给临终的父亲的一份大礼。

健康饮食！

学中医，保健康！

之所以写这本关于中国美食的书，是因为一些不太了解中餐的读者曾问过我："中餐不健康吧？"这也不难理解，毕竟很多中国菜都重油重调料，大蒜、辣油、酱汁一个劲地往里加，红辣椒和醋都能分出好多种来。神经衰弱的人可能光看到这一大堆调料就去找促消化的药了。

然而，任何事情都有两面性。中国人相信，只要是食物，就都有益于健康。对此，中国人还有一整套自己的饮食法则。甚至认为一年不同时期要吃不同的食物才健康营养。比如冬天要吃玉米，夏天要吃豆类（顺便说一句，北京的绿豆冰棍那叫一个美味啊）。

当地人相信，根据气候条件来调整饮食能更轻松地度过季节交替的时节。此外，饮食的调整还受个人体质、体型等诸多因素的影响。

按中医的说法，食物首先应当养身，起到和药物一样治病的作用、维持体内平衡，然后才是带来快乐，或者就像当代的美食博主们说的那样，带来"食物高潮"。

这种饮食观在中国最早的医学典籍《黄帝内经》中曾提到过。而《黄帝内经》究竟是不是黄帝本人所著，

这本书不仅是一本关于美食的书，也是一本关于健康饮食的书，这一部分将由健康饮食的捍卫者佐娅·鲁西诺娃来为您讲述。健康的生活方式，说的就是她了！

目前还难以确定。传说中，黄帝是中华民族的第一位祖先，统治时期从公元前2697年一直持续到了公元前2599年。他统一了黄河流域各部落，发明了轮车、船、弓箭，活到118岁才离世。

　　顺便说一句，中医称人人都可活到180岁。所以，若是遵循中医的原理和法则，可极大提高生活质量，延年益寿。

五味平衡

　　中国现在也有不少长寿之人。这和食物的关系有多大？不好说，但是可以确切地说，龙的传人们对待饮食可是相当讲究。

　　中医认为，人生病的原因主要在于内伤七情，外感六淫。七情指的是喜、怒、忧、思、悲、恐、惊七种内在情绪，而六淫指的是风、火、暑、寒、燥、湿六种外感病邪。

　　中医表明，保持机体内外协调是非常重要的。此外，还须保持膳食平衡。

　　所谓的饮食疗法，或者按照中国的说法"食疗"，强调食物的五味：甘、咸、酸、苦、辛。

　　五味中任何一味过少或过多都会引发各种疾病。所以，最好保证饮食中五味俱全。

　　每种味道，或者像中国人所说的"味"，都有其相对应器官：甘对应脾，咸对应肾，酸对应肝，辛对应肺，苦对应心。这表明，在饮食中摄入各种味道时，对于具体的某个器官而言，相较于其他味道，这种器官所对应的味道对器官的影响更大。中医认为，人更喜欢哪种味道，就意味着这种味道所对应的器官能量不足。与此同时，万万不可从饮食中完全去掉某一味（哪怕您是因为想把

从左至右：药王孙思邈（公元581年至公元682年）、观音菩萨、道教创始人老子（骑牛）

那几斤对身体有害的脂肪甩掉，才拒绝吃甜食和所有可能影响体型的食物）。要记住，中医术语里的甘、酸、辛、咸、苦的概念，与我们习以为常的那5种味道不同。比如，姜、蒜、肉桂都属于辛辣食物，而南瓜、青豆芽和深受整个中华民族喜爱的大米都挤入了甘的行列。

保持"五味平衡"是构成健康、均衡饮食的基础。当然，这不过是中国智慧在营养学领域的冰山一角罢了，还有数十种其他法则来解释食物对我们机体产生的影响。但这些我们晚点儿再聊，现在先单独来看看这五味中的每一味。

苦入心，辛入肺

每一种味道对身体都能产生特殊的影响。比如，甘能补气，有补中益气、缓解疼痛和痉挛、解毒排汗的功效。中医认为，与脾脏直接相关的甘味食物有花生、西瓜、红薯、梨、无花果、白菜、土豆、糯米、红枣、玉米、豆芽、南瓜、菠菜。

咸味对肾脏有益，能清肠排毒，消肿化瘀、软坚散结、补水保湿。咸味食物包括核桃、黑莓、海鲜、海藻、黑芝麻、大豆以及大部分肉类。

辛味食物行气活血、健肠胃、生津液、助消化，还能治疗感冒。养肺的辛味食物包括芥末、生姜、肉桂、烈酒、洋葱、青椒、黑胡椒粉、大蒜等。

在中医里，苦味食物能养心，清热解毒，可治恶心呕吐，有抗菌和增强机体抵抗力的功效。苦味食物包括葡萄柚、菊苣根、杏仁、缬草水、洋甘菊水、芜菁、深绿叶蔬菜、茶叶、紫锥菊。

最后，在中医里肝喜酸，酸味食物具有收敛的功能，能防止体内液体过度流失，可抵抗病原体，改善肠胃功能、软化血管、降低血压。酸性食物包括橙子、紫苏、山楂、葡萄、石榴、草莓、柠檬、胡椒薄荷、橄榄、乌橄、西红柿、发酵食品、苹果、苹果醋和葡萄醋。

五行平衡

　　五味的概念与火、土、金、水、木五行息息相关。每一味都对应五行中的一种。苦对火、甘对土、咸对水、辛对金、酸对木。五行平衡才能维持机体健康和内在平衡。

　　五行饮食是指在食物中添加五行属性的食物。此外，还需要根据不同的季节做不同的菜，因为五行都有对应的季节，金属秋、水属冬、木属春、火属夏，而土属于夏末和收获之季。

冷热平衡

除味道以外，食物的属性也非常重要。中医将食物分为"寒""凉""温""热"四性，此外，还分了一种"中性"。

这些和我们平常对热食、冷食的区分并不是一个概念。有人说，把食物放进微波炉里加热，不就热了？实际上，这里并不是说的食物的温度，而是指食物吃进去后对人体产生的作用。

你们可能已经猜到了，日常饮食若是破坏了冷热平衡，可能会引发一系列疾病。比如，患有热性疾病时应当多吃寒性、凉性食物，而患有寒性疾病时，医生会建议多摄入温性、热性的食物。

中性食物既不偏冷也不偏热，对机体的作用处于一种平衡的状态。但如果仅仅靠吃中性食物就能解决所有问题的话，那就太简单了。和五味一样，保持食物的属性平衡也非常重要。

我们所说的凉性和寒性食物能起到清热解毒、滋阴补阴的作用，还能减缓人体新陈代谢的速度。凉性食物和寒性食物性质类似，只是后者凉性更强。蔬菜水果多为凉性食物，如橙子、茄子、白萝卜、梨、芹菜、大豆、菜豆、菠菜、苹果等。寒性食物有西瓜、海带、黄瓜、竹笋、西红柿、南瓜、柿子。

寒气过重的人经常手脚冰凉、面色苍白、身体虚弱、血液循环不畅，有时还会贫血。

温性和热性食物却恰恰相反，能散寒助阳，加速新陈代谢。温性食物包括杏、羊肉、樱桃、香菜、鸡肉、大葱、杏仁、猪肉、枣、李子。热性食物有五香粉、肉桂、干辣椒。

热气太重的人往往脾气暴躁易怒、体热、出汗多，容易出现肠胃问题。体热又患有炎症的病人最好少吃温性和热性的食物，但怕冷的人可以多吃。

中性食物具有温和舒缓和强身健体的作用，能助消化促食欲。温性食物包括葡萄、木耳、无花果、土豆、卷心菜、玉米、薄荷叶、乌榄、橄榄、蜂蜜、牛奶，鲤鱼、鲫鱼、鲱鱼等鱼类，以及鹌鹑蛋、李子、洋葱、猪心、猪腰子和猪肺。

只吃一种性质的食物会导致失衡，对免疫系统和整个身体都产生不良影响。中医再次证明，保持平衡很重要，要让机体处于一种中性状态，不过不是靠"不吃温热和寒冷的食物"来实现，而是要"每种性质的食物都摄入足够的量"。

湿热与气虚

　　您要是去看中医，医生一上来就会给您把脉。把脉通常只需要几分钟，但这就已经足够这位专家确认您是否有健康问题，判断您属于哪种体质了。

　　您一定会以为这里说的体质指的是西方文化中大家所熟知的苹果型、梨型、沙漏型身材，但实际上，中医里是另外一套分类方法。

　　在中医里，您会看到平和型、气虚型、阳虚型、阴虚型、痰湿型、湿热型、血瘀型、气郁型和特禀型（体质特殊或者过敏）体质。这九种体质有着不同的症状，必须加以调理。通过调理，这些症状可以得到改善。

　　"这和食物有什么关系？"您可能会问。"当然有关系！"几乎每个中国人都会这么回答您。因为也要通过饮食来调理那些症状。回顾一下我们一开始就提到的内容吧：食物必须有利于健康，同时要在机体需要的时候发挥药物的作用。

　　九种体质，每种体质的症状都有各自的特点。例如，平和型体质的人阴阳气血调和，身心健康，面色、肤色润泽，机体始终保持在一种平衡状态。他们不会感觉太冷，也不会感觉太热，睡眠良好，肠胃消化功能稳定。对于这种体质的人群来说，只需要注意保持膳食平衡即可，食物可任意搭配。

气虚型体质的人通常肌肉乏力，容易疲劳，爱出汗，呼吸困难。他们常常自我封闭，容易感冒。建议这类患者多食用谷类、豆类食物，胡萝卜、土豆、南瓜、豌豆等蔬菜，以及樱桃、葡萄、苹果等水果，谨慎食用洋葱、大蒜、胡椒、酒。

阳虚的特点是肌肉松软、嗜睡、畏冷、手脚冰凉。这种体质的人容易水肿，肠胃功能不好，且往往性格内向，情绪低落。阳虚体质宜食用姜、南瓜、坚果、牛羊肉等温性食物。

阴虚通常表现为体格消瘦、手脚发热、口渴喉咙干。这种体质的人容易失眠和疲劳。中医建议这类人群多食用西红柿、生菜、芹菜等蔬菜，梨、苹果、石榴等水果，以及鸡蛋、鱼和海鲜。

痰湿型体质的人通常体型肥胖，腹部肥满松软，爱吃高脂高糖高热量的食物，易患心血管疾病和糖尿病。这种体质的患者建议控制食量，避免进食高脂高热量食物和海鲜，宜多吃卷心菜、芹菜、萝卜、黄瓜、胡萝卜等蔬菜。

湿热型症状通常表现为体格瘦弱或正常，面部泛油。这种体质的人容易得病、长溃疡，可能有皮肤或者泌尿系统问题，性格急躁易怒。中医建议湿热型体质人群少食羊肉、姜、辣椒、大蒜这种热性食物，控制情绪，忌热。

多吃西红柿、黄瓜、芹菜、卷心菜等蔬菜，还有海带、西瓜、香蕉、大豆和鸭肉等，对他们的健康有益。

接下来是血瘀型。这种体质的特征是脸色晦暗，面部长斑，眼下有黑眼圈，唇色发暗。血瘀型体质的人往往健忘、不耐烦、不耐疼痛、腹部肥胖。这类型患者宜多吃茄子、洋葱、胡萝卜、芜菁、芹菜、蘑菇等蔬菜，芒果、木瓜、桃等水果，饮用绿茶、干红（仅可出于预防目的适量服用）。有血瘀症状的人不宜食用油腻和冷冻食品。

气郁型体质的人的特征是忧郁烦闷。这种类型的患者多愁善感且多疑，体格瘦弱，容易失眠，常常有肠道问题或胸部患有肿瘤。这类人群忌饮茶和咖啡，宜多吃芜菁、洋葱、大蒜等蔬菜，以及海带和小麦。

最后，特禀型体质的人先天禀赋不足，易受外部环境影响。这类型患者容易发生过敏反应，常有鼻塞、喉堵、湿疹、哮喘等症状。特禀型体质的人应当清淡饮食，忌高蛋白食物、酒、茶、辣椒，宜多吃蜂蜜、胡萝卜、金针菇。

属火、属水还是属金？

　　还有一种体质的分类方法是建立在我们之前提到的五行理论的基础上。按照这种分类方法，每个人都可以归为土型、金型、木型、水型或者火型体质。中医证明，了解自身体质能帮助我们调整饮食，有利于身体健康。

　　木型体质的人通常体长、脸长、手指长。我们之前曾说过，酸属木，而木对应肝脏、胆囊、韧带和肌腱。木型体质的人宜优先选择酸味食物，食用绿叶蔬菜，避免酒类、油腻食物和大量乳制品，因为对于木型体质的人来说，这类食物会阻碍体内气血流通。

　　火型体质的典型特征是鼻尖、下巴尖。这类人群身形如火苗一般向上延展：上下窄，中间宽。火对应心脏、小肠、淋巴系统。这类型体质的人建议多吃苦味食物、谷物、蔬菜，尤其是深绿叶蔬菜、还有种子类食物和豆类。在中医里，这些食物能降火。此外，不宜食用肉制品、巧克力、盐以及辛辣型香料。

　　水型体质的人属于易胖体质，通常头大腮宽，体型丰满。咸属水，水对应肾脏、膀胱、骨骼、牙齿和神经系统。这种体质的人群建议不宜食用糖、含咖啡因的饮料和冷冻食品，可优先考虑蓝色、紫色和黑色的果蔬、根茎类蔬菜、藻类、海鲜和干净的饮用水（不包括果汁、咖啡、茶）。

土型体质的特征是身材短、手指短、脖子短。脸圆，身材呈梨型。甘属土，土对应胃、脾、胰腺和肌肉。这种体质的人建议食用根茎类和绿叶蔬菜、鱼类、豆类，不宜食用过多碳水、乳制品、冷冻以及精加工食品，否则会加大消化系统的负担。

最后，金型体质的特征是肩膀宽大、轮廓清晰，但嘴唇薄、眼皮薄。辛属金，金对应肺、皮肤和免疫系统。这种体质的人建议吃绿叶蔬菜，避免食用乳制品、红肉和苦味食物。

还有一种体质的分类，但我们就不一一细说了，毕竟这是一本关于烹饪的书。

我们只需要记住，除了要懂得如何挑选食物以外，最重要的是要把握好食物的量。中国人提醒我们，每顿要少吃一点，不宜吃得过饱，要细嚼慢咽（因为咀嚼消化过程中需要分泌足够多的唾液）。这些看似老生常谈的话，在中国人看来，非常重要。

在您决定在厨房小试身手，往各种中国菜里加自己准备的食材之前，我们建议您一开始还是先按现有的中餐菜谱或者我们提供的菜谱来做。我们提供的菜谱，自己都尝试做过，有的可能还稍微改良了一番。按这些菜谱做出来的菜，味道非常不错，一点也不逊色于中国饭店主厨们做的。这些菜被我们友爱的北京团队做出来后，又被他们吃了个精光，而我们的菜谱便是这样经受住了检验。

我们做得很成功，相信大家也一定能做得很成功！